Taste of life Series

品味生活系列

鸡尾酒品鉴大全

日本YYT工作室 编著　　卢永妮 译

Cocktail

中国民族摄影艺术出版社

图书在版编目（C I P）数据

鸡尾酒品鉴大全 / 日本YYT工作室编著 ; 卢永妮译
. -- 北京 : 中国民族摄影艺术出版社, 2014.7
（品味生活系列）
ISBN 978-7-5122-0569-7

Ⅰ. ①鸡… Ⅱ. ①日… ②卢… Ⅲ. ①鸡尾酒 - 品鉴
Ⅳ. ①TS972.19

中国版本图书馆CIP数据核字(2014)第119482号

TITLE：［カクテル完全ガイド］
BY：［YYT project］

著作权合同登记号：01-2014-3273

策划制作：北京书锦缘咨询有限公司（www.booklink.com.cn）
总 策 划：陈　庆
策　　划：邵嘉瑜
设计制作：季传亮

书　名：品味生活系列：鸡尾酒品鉴大全
作　者：日本YYT工作室
译　者：卢永妮
责　编：董　良　张　宇
出　版：中国民族摄影艺术出版社
地　址：北京东城区和平里北街14号（100013）
发　行：010-64211754 84250639 64906396
网　址：http://www.chinamzsy.com
印　刷：北京美图印务有限公司
开　本：1/16　170mm × 240mm
印　张：16
字　数：115千字
版　次：2016年7月第1版第2次印刷
ISBN 978-7-5122-0569-7
定　价：78.00元

目录

第4章

第1章

走进鸡尾酒世界

本书的使用方法

单位的书写及标准

1茶匙（tsp）=约5毫升
1点（dash）=约1毫升（ml）
(苦味瓶1撒=4～5滴，见第221页。)
1滴（drop）=约1/5毫升（ml）
(苦味瓶1滴，见第221页。)
1玻璃杯（glass）=约60毫升
1茶杯（cup）=200毫升

※量杯的具体使用方法请参照本书第224页。

配方说明

配方中标明“朗姆”，表示使用“白/金黄/黑朗姆酒”中的任何一种都可以。同样的，如果没有特别标示，威士忌也是使用任何一种都行。“香槟酒”可以用各国的“发泡性葡萄酒”（起泡葡萄酒）。文中的“调和法”是指只用吧匙搅拌原材料，“在混合杯内调和”则另外标识。

果汁说明

本书中使用的水果果汁基本上是100%的果汁。标示“酸橙汁（加糖）”的时候，请使用加糖的果汁或加入糖浆等使果汁具有甜味。

名词说明

※基酒是指在制作鸡尾酒的过程中作为主体部分的酒。更多名词请见第233“鸡尾酒用语集”。

口味
甘口/极甜口味
中口/介于甜口和辛口之间
辛口/辛辣口味

酒精度数

鸡尾酒名

Angelo
安吉洛

12度　中口　摇和法

这款鸡尾酒是将两种果汁与加里安诺酒、南方安逸酒两种利口酒混合后调制而成的。它口味甘甜醇香，老少皆宜。

伏特加……………………………… 30毫升
加里安诺酒……………………………… 10毫升
南方安逸酒（第52页）………………… 10毫升
柳橙汁……………………………… 45毫升
凤梨汁……………………………… 45毫升

把原材料摇匀后倒入大号鸡尾酒杯内。也可以在里面放些冰块。

技法
兑和法：将原材料直接倒入酒杯中进行调制→第225页
调和法：将原材料倒入混合杯内进行调制→第226页
摇和法：用摇酒壶搅拌原材料→第227页
搅和法：用搅拌机或电动果汁机搅拌→第228页

鸡尾酒原材料

鸡尾酒介绍文

制作方法

用5种原材料可以调制出上百种鸡尾酒

常用鸡尾酒的调制方案

两种基酒

1 干金酒

最常用的鸡尾酒基酒

→可调制出的鸡尾酒见第6页

2 伏特加

使用单一原材料酒味纯净

→可调制出的鸡尾酒见第8页

“我想调制鸡尾酒，可是这些酒类应该如何进行搭配呢？”如果您正在为此事发愁，我们想向您推荐以下5种鸡尾酒原材料。您在刚开始的时候没有必要一下子备齐所有的原材料，只要有其中的1～2种就可以了。请您参考第6页以后的“可调制出的鸡尾酒”，慢慢地一样一样地备齐原材料吧。另外，您也可以先备有半瓶（或小瓶）原材料。

拓展鸡尾酒世界的其他3种基酒

3 杏子白兰地

微带酸甜味的杏味利口酒

→可调制出的鸡尾酒见第10页

4 绿薄荷酒

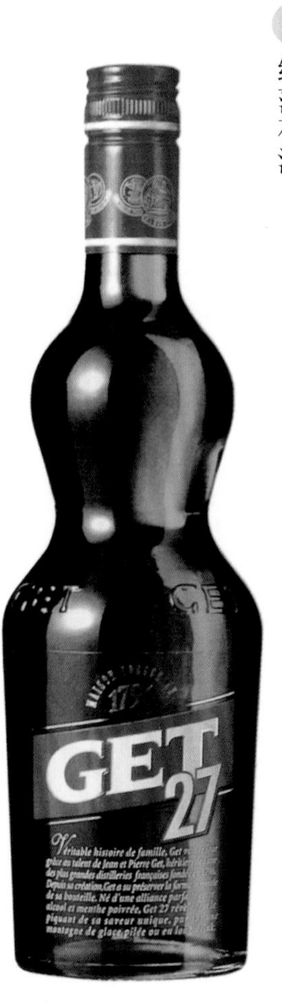

口感清凉的薄荷利口酒

→可调制出的鸡尾酒见第11页

5 干味美思

鸡尾酒中最常用的加香葡萄酒

→可调制出的鸡尾酒见第11页

鸡尾酒调配集合

用干金酒

可调制出的鸡尾酒　共42种

＋ 果汁 碳酸饮料 甜味饮料 ＝ 29种

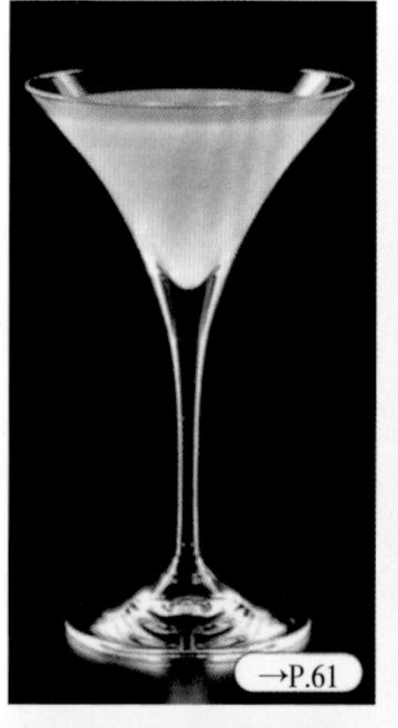
→P.61

橘花

干金酒……　40毫升
柳橙汁……　20毫升

→P.70

金菲士

干金酒………45毫升
柠檬汁………20毫升
糖浆………1～2茶匙
苏打水…………适量

→P.70

酸橙金酒

干金酒……　45毫升
酸橙汁（加糖）
……………　15毫升

→P.79

红粉佳人

干金酒…………45毫升
红石榴汁………20毫升
柠檬汁…………1茶匙
蛋清……………1个

蓝珊瑚

干金酒…… 40毫升
绿薄荷酒… 20毫升

→P.57

→P.83

马提尼

干金酒…… 45毫升
干味美思… 15毫升

※黑字部分为书中以附图的形式介绍的鸡尾酒。红字部分的鸡尾酒无图，但只需改变该页码中提及的相应鸡尾酒的基酒即可调制出来。

用伏特加

可调制出的鸡尾酒　共29种

＋ 果汁 碳酸饮料 甜味饮料 ＝ 26种

→P.91

伏特加钻头

伏特加…… 45毫升
酸橙汁…… 15毫升
糖浆………… 1茶匙

→P.99

咸狗

伏特加…… 45毫升
葡萄柚汁…… 适量
花盐（雪花风格）
……………… 适量

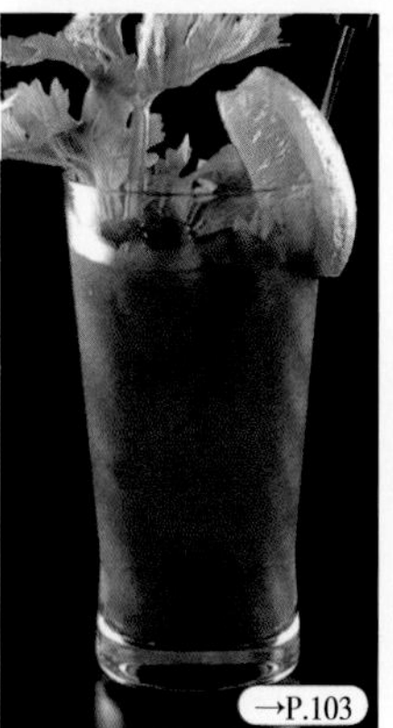

→P.103

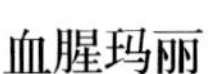

血腥玛丽

伏特加…… 45毫升
西红柿汁…… 适量
柠檬块、芹菜段
…………… 各适量

→P.106

莫斯科骡马

伏特加…… 45毫升
酸橙汁…… 15毫升
姜汁汽水…… 适量

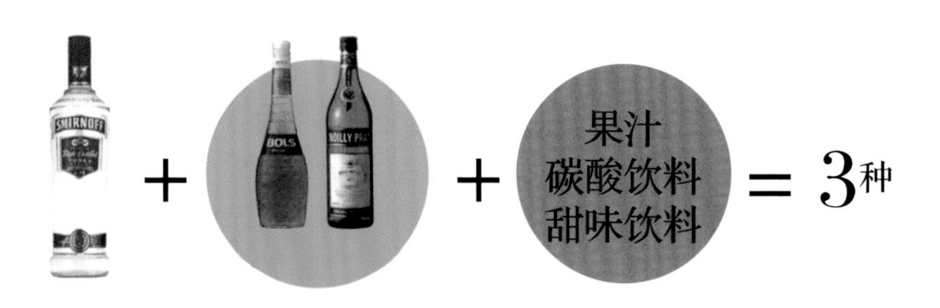

→P.91

伏特加吉普森

伏特加…… 50毫升
干味美思… 10毫升

→P.92

伏特加…… 45毫升
干味美思… 15毫升

→P.100

沙俄皇后

伏特加……… 30毫升
干味美思…… 15毫升
杏子白兰地… 15毫升
安哥斯特拉苦精酒
…………………… 1点

※黑字部分为书中以附图的形式介绍的鸡尾酒。红字部分的鸡尾酒无图，但只需改变该页码中提及的相应鸡尾酒的基酒即可调制出来。

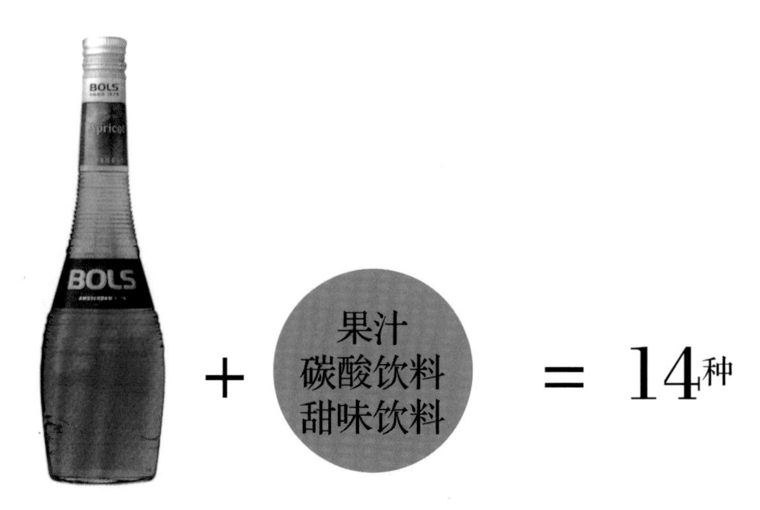

→P.181

杏仁酷乐

杏子白兰地… 45毫升
柠檬汁……… 20毫升
红石榴汁………1茶匙
苏打水………… 适量

→P.193

波西米亚狂想

杏子白兰地…15毫升
柳橙汁………30毫升
柠檬汁……… 1茶匙
红石榴汁…… 2茶匙
苏打水………… 适量

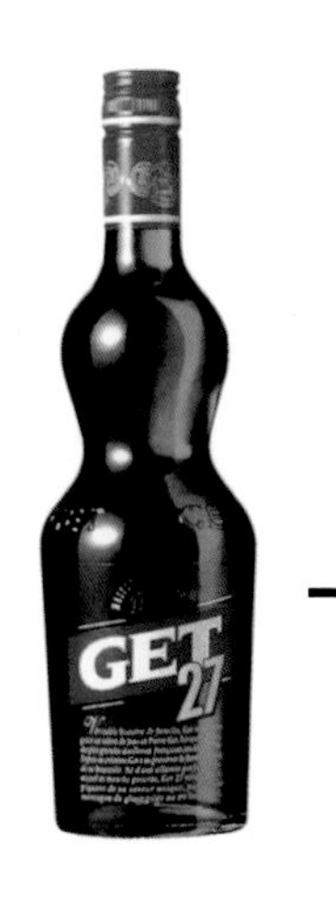

用绿薄荷酒
可调制出的鸡尾酒

\+ 果汁 碳酸饮料 甜味饮料 = 13种

用干味美思
可调制出的鸡尾酒

\+ 果汁 碳酸饮料 甜味饮料 = 4种

※黑字部分为书中以附图的形式介绍的鸡尾酒。红字部分的鸡尾酒无图，但只需改变该页码中提及的相应鸡尾酒的基酒即可调制出来。

常用鸡尾酒原材料一览表

用干金酒制成的鸡尾酒（共42种）

鸡尾酒名	分类	调制技法	基酒	利口酒
理想	▼	摇和	干金酒40	味美思（干）20/黑樱桃酒约3点
蓝珊瑚	▼	摇和	干金酒40	绿薄荷酒20
环游世界	▼	摇和	干金酒40	绿薄荷酒10
亚历山大姐妹	▼	摇和	干金酒30	绿薄荷酒15
翡翠酷乐	□	摇和	干金酒30	绿薄荷酒15
柳橙菲士	□	摇和	干金酒45	–
橘花	▼	摇和	干金酒40	–
卡鲁索	▼	调和	干金酒30	味美思（干）15/绿薄荷酒15
猕猴桃马提尼	▼	摇和	干金酒45	–
吉普森	▼	摇和	干金酒50	味美思（干）10
占列酒	▼	摇和	干金酒45	–
三叶草俱乐部	▼	摇和	干金酒36	–
黄金菲士	□	摇和	干金酒45	–
银菲士	□	摇和	干金酒45	–
金苹果	□	兑和	干金酒30～45	–
金葡萄柚	□	兑和	干金酒30～45	–
金酸味鸡尾酒	▼	摇和	干金酒45	–
金司令	□	兑和	干金酒45	–
金苏打水	□	兑和	干金酒45	–
金戴兹	□	摇和	干金酒45	–
金汤尼	□	兑和	干金酒45	–
金霸克	□	兑和	干金酒45	–
金菲士	□	摇和	干金酒45	–

缩略符号说明：

■分类：
▼=短饮（第38页）
□=长饮（第38页）

■加甜加香：
G糖浆=红石榴汁
S糖浆=（砂糖）糖浆
A苦精酒=安哥斯特拉苦精酒
O苦精酒=柳橙苦精酒

■其他：
M樱桃=泡过酒的红樱桃
S酸橙=酸橙片
S柠檬=柠檬片
S柳橙=柳橙片

※表格内数字的默认单位是“毫升”。

	果汁系列	加甜加香	碳酸饮料	其他	酒精度数	口味	所在页数
	葡萄柚汁1茶匙	–	–	–	30度	中口	57
		–	–	柠檬(润湿用)/M樱桃/薄荷叶	33度	中口	57
	凤梨汁10	–	–	绿樱桃	30度	中口	58
	–	–	–	鲜奶油15	25度	甘口	59
	柠檬汁15	S糖浆1茶匙	苏打水适量	M樱桃	7度	中口	60
	柳橙汁20/柠檬汁15	S糖浆1茶匙	苏打水适量	–	14度	中口	60
	柳橙汁20	–	–	–	24度	中口	61
	–	–	–	–	29度	中口	61
	–	–	–	猕猴桃1/2个	25度	中口	62
	–	–	–	珍珠圆葱	36度	辛口	62
	酸橙汁15	S糖浆1～2茶匙	–	–	30度	中口	63
	酸橙汁或柠檬汁12	G糖浆12	–	蛋清1个	17度	中口	64
	柠檬20	S糖浆1～2茶匙	苏打水适量	蛋黄1个	12度	中口	64
	柠檬20	S糖浆1～2茶匙	苏打水适量	蛋清1个	12度	中口	66
	苹果汁适量	–	–	–	15度	中口	67
	葡萄柚汁适量	–	–	–	15度	中口	5
	柠檬汁20	S糖浆1茶匙	–	M樱桃/S柠檬	24度	中口	68
	–	砂糖1茶匙	苏打水（或冷水）适量	–	14度	中口	68
	–	–	苏打水适量	S柠檬	14度	辛口	5
	柠檬20	G糖浆2茶匙	–	S柠檬/薄荷叶	22度	中口	68
	–	–	汤尼水适量	酸橙块(或柠檬块)	14度	中口	69
	柠檬20	–	姜汁适量	S柠檬	14度	中口	69
	柠檬20	S糖浆1～2茶匙	苏打水适量	柠檬块/M樱桃	14度	中口	70

鸡尾酒名	分类	调制技法	基酒	利口酒
金费克斯	□	兑和	干金酒45	–
酸橙金酒	□	兑和	干金酒45	–
金瑞基	□	兑和	干金酒45	–
草莓马提尼	▼	摇和	干金酒45	–
得克萨斯菲士	□	摇和	干金酒45	–
汤姆柯林	□	摇和	干金酒45	–
忍者神龟	□	摇和	干金酒30	–
百慕大玫瑰	▼	摇和	干金酒40	杏子白兰地20
天堂	▼	摇和	干金酒30	杏子白兰地15
红粉佳人	▼	摇和	干金酒45	–
血萨姆	□	兑和	干金酒45	–
牛头犬	□	兑和	干金酒45	–
檀香山	▼	摇和	干金酒60	–
玉兰花	▼	摇和	干金酒30	–
马提尼	▼	调和	干金酒45	味美思（干）15
马提尼（干）	▼	调和	干金酒48	味美思（干）12
马提尼洛克	□	调和	干金酒45	味美思（干）15
佳人80	▼	摇和	干金酒30	杏子白兰地15
皇家菲士	□	摇和	干金酒45	–

用伏特加制成的鸡尾酒（共29种）

鸡尾酒名	分类	调制技法	基酒	利口酒
伏特加苹果	□	兑和	伏特加30～45	–
伏特加吉普森	▼	调和	伏特加50	味美思（干）10
伏特加钻头	▼	摇和	伏特加45	–
伏特加柯林	□	摇和	伏特加45	–

续表

	果汁系列	加甜加香	碳酸饮料	其他	酒精度数	口味	所在页数
	柠檬汁20	S糖浆2茶匙	–	S酸橙	28度	中口	70
	酸橙汁15	–	–	–	30度	中口	70
	–	–	苏打水适量	鲜酸橙1/2个	14度	辛口	71
	–	S糖浆1/2～1茶匙	–	鲜草莓3～4个	25度	中口	71
	柳橙汁20	砂糖（S糖浆）1～2茶	苏打水适量	S酸橙/绿樱桃	14度	中口	74
	柠檬20	S糖浆1～2茶匙	苏打水适量	S柠檬/绿樱桃	16度	中口	74
	葡萄柚汁30	S糖浆1茶匙	苏打水适量	S柠檬	10度	中口	75
	–	G糖浆2点	–	–	35度	中口	76
	柳橙汁15	–	–	–	25度	中口	77
	柠檬汁1茶匙	G糖浆20	–	蛋清1个	20度	中口	79
	西红柿汁适量	–	–	柠檬块	12度	辛口	79
	柳橙汁30	–	姜汁适量	–	14度	中口	80
	柳橙汁1茶匙/凤梨汁1茶匙/柠檬汁1茶匙	S糖浆1茶匙/A苦精酒1点	–	凤梨块/M樱桃	35度	中口	81
	柠檬汁15	G糖浆1点	–	鲜奶油15	20度	中口	83
	–	–	–	柠檬皮/橄榄	34度	辛口	83
	–	–	–	柠檬皮/橄榄	35度	辛口	84
	–	–	–	柠檬皮/橄榄	35度	辛口	85
	凤梨汁15	G糖浆2茶匙	–	–	26度	甘口	87
	柠檬汁15	S糖浆2茶匙	苏打水适量	鸡蛋（小）1个	12度	中口	87

	果汁系列	加甜加香	碳酸饮料	其他	酒精度数	口味	所在页数
	苹果汁适量	–	–	S柠檬	15度	中口	90
	–	–	–	珍珠圆葱	30度	辛口	91
	酸橙汁15	S糖浆1茶匙	–	–	30度	中口	91
	柠檬汁20	S糖浆1～2茶匙	苏打水适量	柠檬/M樱桃	16度	中口	7

鸡尾酒名	分类	调制技法	基酒	利口酒
伏特加金酸味鸡尾酒	▼	摇和	伏特加45	–
伏特加金司令	□	兑和	伏特加45	–
伏特加苏打水	□	兑和	伏特加45	–
伏特加金戴兹	□	摇和	伏特加45	–
伏特加金汤尼	□	兑和	伏特加45	–
伏特加金霸克	□	兑和	伏特加45	–
伏特加金菲士	□	摇和	伏特加45	–
伏特加金费克斯	□	兑和	伏特加45	–
伏特加马提尼	▼	调和	伏特加45	味美思（干）15
伏特加马提尼洛克	□	调和	伏特加45	味美思（干）15
伏特加酸橙	□	兑和	伏特加45	–
伏特加瑞基	□	兑和	伏特加45	–
卡匹洛斯卡	□	兑和	伏特加30～45	–
灰狗	□	兑和	伏特加45	–
哥德角	□	摇和	伏特加45	–
海风	□	摇和	伏特加30	–
螺丝刀	□	兑和	伏特加45	–
大锤	▼	摇和	伏特加50	–
咸狗	□	兑和	伏特加45	–
奇奇	□	摇和	伏特加30	–
沙俄皇后	▼	调和	伏特加30	味美思（干）15/杏子白兰地15
血腥公牛	□	兑和	伏特加45	–
血腥玛丽	□	兑和	伏特加45	–
公牛弹丸	□	兑和	伏特加45	–
莫斯科骡马	□	兑和	伏特加45	–

续表

	果汁系列	加甜加香	碳酸饮料	其他	酒精度数	口味	所在页数
	柠檬20	S糖浆1茶匙	–	S柠檬/M樱桃	24度	中口	7
	–	砂糖1茶匙	苏打水（或冷水）	–	14度	中口	7
	–	–	苏打水适量	S柠檬	14度	辛口	91
	柠檬20	G糖浆2茶匙	–	S酸橙/薄荷叶	22度	中口	7
	–	–	汤尼水适量	S柠檬	14度	中口	92
	柠檬20	–	姜汁适量	S柠檬	14度	中口	7
	柠檬20	S糖浆1～2茶匙	苏打水适量	柠檬块/M樱桃	14度	中口	7
	柠檬20	S糖浆2茶匙	–	S酸橙	28度	中口	7
	–	–	–	橄榄/柠檬皮	31度	辛口	92
	–	–	–	橄榄/柠檬皮	35度	辛口	7
	酸橙15	–	–	–	30度	中口	92
	–	–	苏打水适量	鲜酸橙1/2个	14度	辛口	93
	酸橙1/2～1个	砂糖（S糖浆）1～2茶匙	–	–	28度	中口	93
	葡萄柚汁适量	–	–	–	13度	中口	95
	越橘汁45	–	–	–	20度	中口	96
	葡萄柚汁60/越橘汁60	–	–	–	8度	中口	97
	柳橙汁适量	–	–	S柳橙	15度	中口	98
	酸橙汁10	–	–	–	33度	辛口	98
	葡萄柚汁适量	–	–	盐(雪花风格)	13度	中口	99
	凤梨汁80	–	–	椰奶45/柠檬块/S柳橙	7度	中口	99
	–	A苦精酒1点	–	–	27度	中口	100
	柠檬汁15/西红柿汁适量	–	–	牛肉汤适量/柠檬块/黄瓜条	12度	辛口	102
	西红柿汁适量	–	–	柠檬块/黄瓜条	12度	辛口	103
	–	–	–	牛肉汤适量/S酸橙	15度	中口	104
	酸橙汁15	–	姜汁适量	酸橙块	12度	中口	106

用杏子白兰地制成的鸡尾酒（共14种）

鸡尾酒名	分类	调制技法	基酒	利口酒
杏仁苹果	□	兑和	杏子白兰地45	–
杏仁柳橙	□	兑和	杏子白兰地45	–
杏仁酷乐	□	摇和	杏子白兰地45	–
杏仁与葡萄柚	□	兑和	杏子白兰地45	–
杏仁可乐	□	兑和	杏子白兰地45	–
杏仁酸味鸡尾酒	▼	摇和	杏子白兰地45	–
杏仁姜汁	□	摇和	杏子白兰地45	–
杏仁苏打水	□	摇和	杏子白兰地45	–
杏仁汤尼	□	摇和	杏子白兰地45	–
杏仁啤酒	□	兑和	啤酒适量	杏子白兰地15
杏仁菲士	□	摇和	杏子白兰地45	–
杏仁佛莱培	▼	兑和	杏子白兰地45	–
杏仁牛奶	□	兑和	杏子白兰地30～45	–
波西米亚狂想	□	摇和	杏子白兰地15	–

用绿薄荷酒制成的鸡尾酒（共13种）

鸡尾酒名	分类	调制技法	基酒	利口酒
薄荷苹果	□	兑和	绿薄荷酒45	–
薄荷凤梨	□	兑和	绿薄荷酒45	–
薄荷乌龙	□	兑和	绿薄荷酒45	–
薄荷柳橙	□	兑和	绿薄荷酒45	–
薄荷与葡萄柚	□	兑和	绿薄荷酒45	–
薄荷可乐	□	兑和	绿薄荷酒45	–
薄荷姜汁	□	摇和	绿薄荷酒45	–
薄荷苏打	□	摇和	绿薄荷酒45	–
薄荷汤尼	□	摇和	绿薄荷酒45	–
米道丽啤	□	兑和	啤酒适量	绿薄荷酒5
薄荷菲士	□	摇和	绿薄荷酒45	–
薄荷佛莱培	▼	兑和	绿薄荷酒45	–
薄荷牛奶	□	兑和	绿薄荷酒30～45	–

用味美思酒（干）制成的鸡尾酒（共4种）

鸡尾酒名	分类	调制技法	基酒	利口酒
干味美思冰茶	□	兑和	味美思(干)45	–
干味美思洛克	□	兑和	味美思(干)60	–
味美思柳橙	□	兑和	味美思(干)45	–
味美思刺激	□	兑和	味美思(干)60	–

果汁系列	加甜加香	碳酸饮料	其他	酒精度数	口味	所在页数
苹果汁适量	–	–	–	7度	甘口	8
柳橙汁适量	–	–	–	7度	中口	8
柠檬20	G糖浆1茶匙	苏打水适量	S酸橙/M樱桃	7度	中口	181
葡萄柚汁适量	–	–	–	7度	中口	8
–	–	可乐适量	柠檬块	7度	甘口	8
柠檬汁20	砂糖（S糖浆）1茶匙	–	–	14度	甘口	8
–	–	姜汁适量	–	7度	甘口	8
–	–	苏打水适量	–	7度	甘口	8
–	–	汤尼水适量	–	7度	甘口	8
–	–	–	–	6度	甘口	8
柠檬20	S糖浆1/2～1茶匙	苏打水适量	–	8度	甘口	8
–	–	–	–	17度	甘口	8
–	–	–	牛奶适量	7度	甘口	8
柳橙汁30/柠檬汁1茶匙	G糖浆2茶匙	苏打水适量	S柳橙汁/绿樱桃	18度	中口	193
苹果汁适量	–	–	–	7度	甘口	9
凤梨汁适量	–	–	–	7度	甘口	9
–	–	–	乌龙茶适量	7度	中口	9
柳橙汁适量	–	–	–	7度	中口	9
葡萄柚汁适量	–	–	–	7度	中口	9
–	–	可乐适量	柠檬块	7度	甘口	9
–	–	姜汁适量	–	7度	甘口	9
–	–	苏打水适量	–	7度	甘口	9
–	–	汤尼水适量	S柠檬	7度	甘口	9
–	–	–	–	6度	甘口	208
柠檬汁20	S糖浆1/2～1茶匙	苏打水适量	–	8度	甘口	9
–	–	–	薄荷叶	17度	甘口	194
–	–	–	牛奶适量	7度	甘口	9
–	–	–	冰茶适量	14度	辛口	9
–	–	–	柠檬皮	14度	辛口	9
柳橙汁适量	–	–	–	5度	中口	9
–	–	苏打水适量	–	6度	辛口	9

按基酒类别索引

有些鸡尾酒的名称较为特殊，需要结合酒品的色泽及所用基酒的情况来加深印象。您如果对某款鸡尾酒比较感兴趣，那么,可以根据页数查看相关的详细介绍。

※酒名后面的数字表示它所在的页数。

克勒里基 63
绿色阿拉斯加 63
三叶草俱乐部 64
黄金螺丝钉 64
黄金菲士 64
莎莎 65
蓝宝石酷乐 65
詹姆斯·邦德马提尼 65
城市珊瑚 66
银菲士 66
金苹果 67
金和义 67
金酒鸡尾酒 67
金酸味鸡尾酒 68
金司令 68
金戴兹 68
金汤尼 69
金霸克 69
苦味金酒 69
金菲士 70
金费克斯 70
酸橙金酒 70
金瑞基 71
新加坡司令 71
草莓马提尼 71

春天的歌剧
72
春天的感觉
72
烟熏马提尼
73
七重天
73
添加利森林
73
探戈酒
74
得克萨斯菲士
74
汤姆柯林
74
尼基菲士
75
忍者神龟
75
尼格罗尼
75
击倒
76
调酒师
76
百慕大玫瑰
76
天堂
77
巴黎人
77
夏威夷人
77
宝石
78
纯洁的爱情
78
美人痣
78
粉红金酒
79
红粉佳人
79
血萨姆
79
玛丽公主
80
蓝月亮
80

牛头犬
80
法国75号
81
布朗克斯
81
檀香山
81
白色翅膀
82
白色莉莉
82
白色丽人
82
白色玫瑰
83
玉兰花
83
马提尼
83
马提尼（甜）
84
马提尼（干）
84
马提尼（中性）
84
马提尼洛克
85
人偶
85
百万美元
85
快乐的寡妇
86
特别甜瓜
86
横滨
86
佳人80
87
皇家菲士
87
长岛冰茶
87

基酒之
伏特加
Vodka
Base Cocktails
安吉洛
88
东方之翼
89
印象
89
姑娘
89
伏特加冰山
90
伏特加苹果
90
伏特加绿酒
90
伏特加吉普森
91
伏特加钻头
91
伏特加苏打水
91
伏特加汤尼
92
伏特加马提尼
92
伏特加酸橙
92
伏特加瑞基
93
卡匹洛斯卡
93
神风
93
墨西哥湾流
94
热情之吻
94
大奖
95
绿色幻想
95
灰狗
95
哥德角
96
哥萨克
96
大都会
96

教母
97
殖民者
97
海风
97
吉普赛
98
螺丝刀
98
大锤
98
激情海岸
99
咸狗
99
奇奇
99
沙俄皇后
100
休息5分钟
100
芭芭拉
100
哈维撞墙
101
百乐水晶
101
巴拉莱卡
101
受惊的蚱蜢
102
黑色俄罗斯
102
血腥公牛
102
血腥玛丽
103
洋李广场
103
木莓酸味鸡尾酒
103
公牛弹丸
104
蓝色泻湖
104
伏尔加河
104
伏尔加河上的船夫
105

白色蜘蛛
105
白色俄罗斯
105
莫斯科骡马
106
雪国
106
俄罗斯人
107
爱情追逐者
107
罗伯塔
107
基酒之
朗姆酒
Rum
Base Cocktails
XYZ
108
总统
109
自由古巴
109
古巴
109
金斯敦
110
绿眼睛
110
格罗格
111
珊瑚
111
金色朋友
111
牙买加小子
112
上海
112
跳伞
113
天蝎座
113
回音
113
赞比
114
戴吉利
114
中国人
115

内华达
115
凤梨菲士
115
百家地
116
哈瓦那海滩
116
巴哈马
117
凤梨可乐达
117
银发美女
117
拓荒者鸡尾酒
118
拓荒者宾治
118
蓝色夏威夷
118
冰冻草莓戴吉利
119
冰冻戴吉利
119
冰冻香蕉戴吉利
119
波士顿酷乐
120
热黄油朗姆酒
120
迈阿密
120
迈泰
121
百万富翁
121
玛丽·皮克福德
122
毛吉托
122
凤梨朗姆酒
122
朗姆乡村姑娘
123
朗姆酷乐
123
朗姆可乐
123
朗姆柯林
124

朗姆茱莉普
124
朗姆苏打水
125
朗姆汤尼
125
小公主
125
基酒之
特基拉
Tequila
Base Cocktails
破冰船
126
大使
127
常青树
127
恶魔
127
柳橙玛格丽特
128
耶稣山
128
伯爵夫人
129
仙客来
129
丝袜
129
草帽
130
黑刺李特基拉
130
特基拉葡萄柚
130
特基拉日落
131
特基拉日出
131
特基拉马提尼
132
特基拉曼哈顿
132
迪克尼克
132
骑马斗牛士
133
勇敢的公牛
133

法国仙人掌
133
冰冻蓝色玛格丽特
134
冰冻玛格丽特
134
百老汇醉鬼
135
斗牛士
135
玛丽特雷萨
135
玛格丽特
136
墨西哥人
136
墨西哥玫瑰
136
甜瓜玛格丽特
137
八哥
137
日出龙舌兰
137
基酒之
威士忌
Wbisky
Base Cocktails
爱尔兰咖啡
150
亲密关系
151
阿方索·卡波奈
151
墨水大街
151
帝王菲士
152
威士忌鸡尾酒
152
威士忌酸味鸡尾酒
152
威士忌托地
153
威士忌海波
153
悬浮式威士忌
153
老朋友
154
古典酒
154

东方
155
牛仔
155
加州柠檬汁
155
快吻我
156
北极冰
156
教父
157
船长
157
白花酢浆草
157
约翰柯林
158
苏格兰短褶裙
158
赛马会泡泡
158
丘吉尔
159
纽约
159
沾边波本苏打水
160
沾边波本霸克
160
波旁酸橙
160
大礼帽
161
高地酷乐
161
飓风
162
猎人
162
布鲁克林
162
一杆进洞
163
热威士忌托地
163
鲍比伯恩斯
163
迈阿密海滩
164

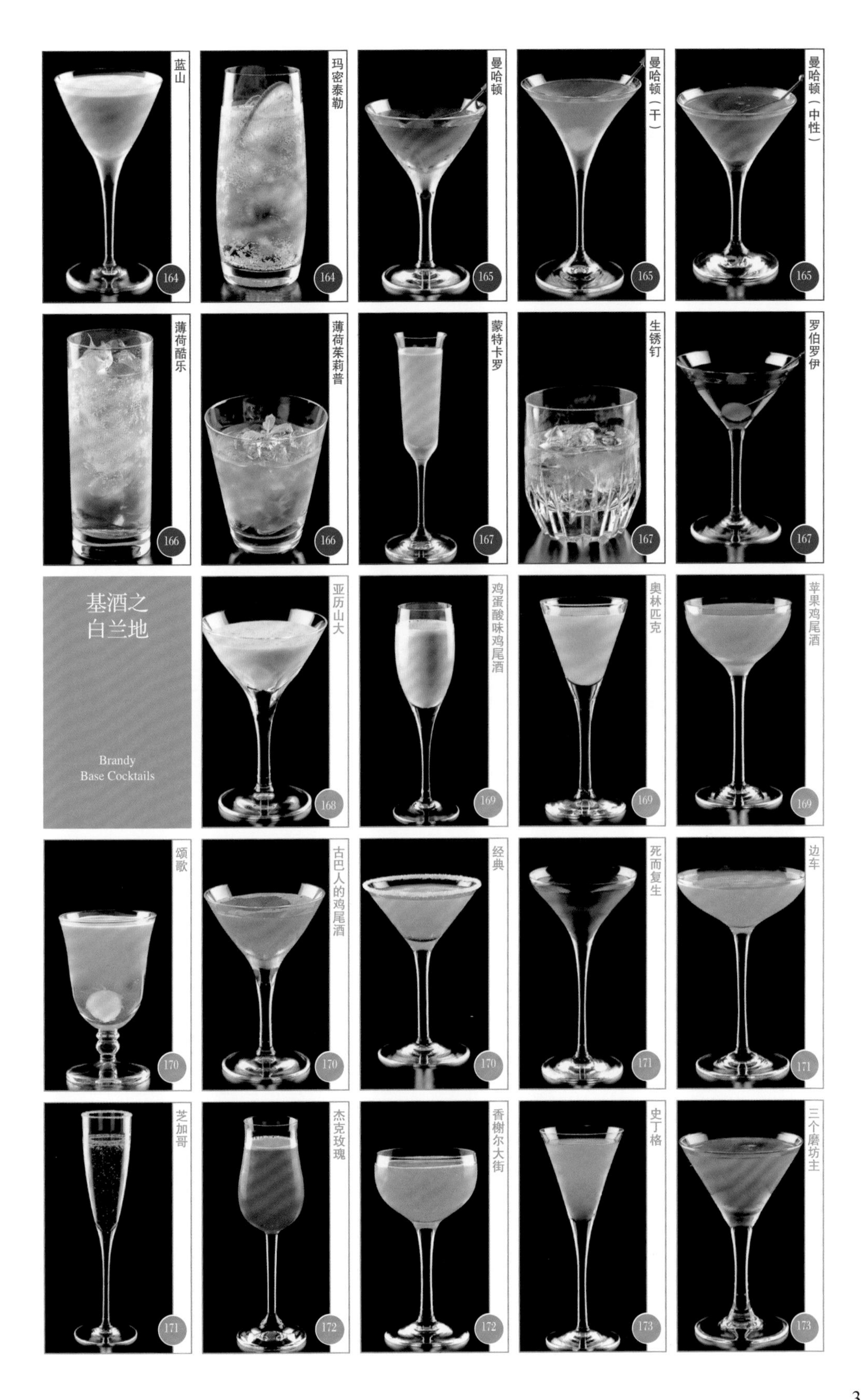
蓝山
164
玛密泰勒
164
曼哈顿
165
曼哈顿（干）
165
曼哈顿（中性）
165
薄荷酷乐
166
薄荷茱莉普
166
蒙特卡罗
167
生锈钉
167
罗伯罗伊
167
基酒之
白兰地
Brandy
Base Cocktails
亚历山大
168
鸡蛋酸味鸡尾酒
169
奥林匹克
169
苹果鸡尾酒
169
颂歌
170
古巴人的鸡尾酒
170
经典
170
死而复生
171
边车
171
芝加哥
171
杰克玫瑰
172
香榭尔大街
172
史丁格
173
三个磨坊主
173

坏妈妈
173
樱花
174
梦想
174
尼克拉斯加
174
哈佛
175
哈佛酷乐
175
蜜月
175
B和B
176
床和地之间
176
白兰地奶露
176
白兰地鸡尾酒
177
白兰地酸味鸡尾酒
177
白兰地司令
177
白兰地费克斯
178
白兰地牛奶宾治
178
法国情怀
178
马颈
179
热白兰地奶露
179
孟买
179
基酒之
利口酒
Brandy
Base Cocktails
餐后酒
180
杏仁酷乐
181
海波苦味利口酒
181
黄鹦鹉
181

可可豆菲士
182
黑醋栗乌龙
182
卡路尔牛奶
183
肯巴利橙汁
183
肯巴利苏打
183
彼得王
184
和谐水晶
184
绿色蚱蜢
184
金色卡迪拉克
185
金色梦想
185
圣日瓦曼
185
沙度士汤尼
186
郝思嘉
186
斯普莫尼
186
李子金鸡尾酒
187
黑刺李金菲士
187
西娜尔可乐
187
卓别林
188
中国蓝
188
迪莎莉塔
188
发现
189
迪塔仙女
189
紫罗兰菲士
189
香蕉布里斯
190
瓦伦西亚
190

匹康鸡尾酒
190
乒乓
191
绒毛脐
191
彩虹
191
蓝色佳人
192
牛头犬
192
万维汉莫
192
布希球
193
热肯巴利酒
193
波西米亚狂想
193
薄荷佛莱培
194
甜瓜球
194
甜瓜牛奶
194
荔枝与葡萄柚
195
红宝石菲士
195
莱特男管家
195
基酒之
葡萄酒
Wine
&
Cbampagne
Base Cocktails
阿汀顿
196
安东尼
197
美国佬
197
美国柠檬汁
197
基尔
198
皇家基尔
198
绿地
199
克罗地克海波
199

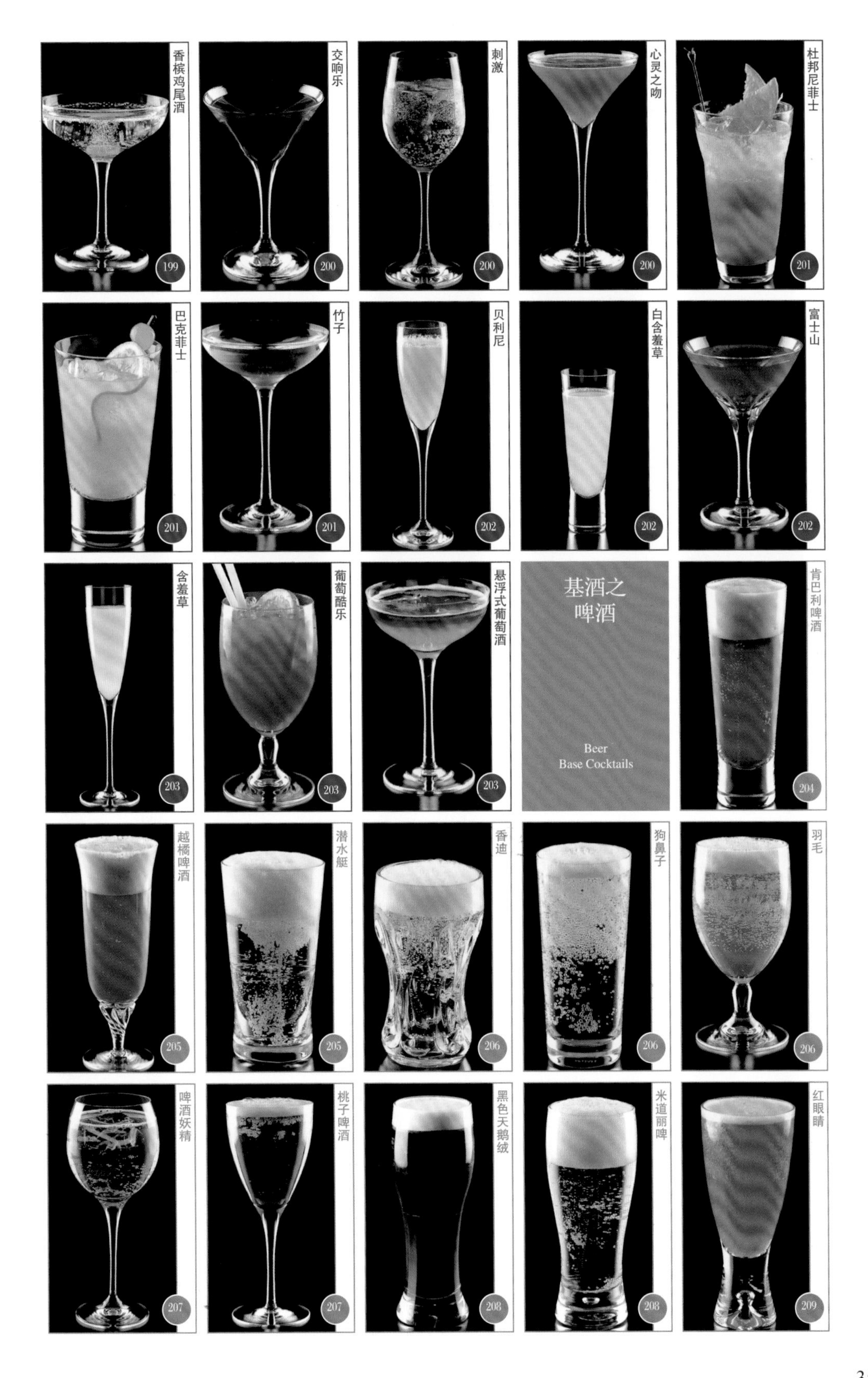
香槟鸡尾酒
199
交响乐
200
刺激
200
心灵之吻
200
杜邦尼菲士
201
巴克菲士
201
竹子
201
贝利尼
202
白含羞草
202
富士山
202
含羞草
203
葡萄酷乐
203
悬浮式葡萄酒
203
基酒之啤酒
Beer
Base Cocktails
肯巴利啤酒
204
越橘啤酒
205
潜水艇
205
香迪
206
狗鼻子
206
羽毛
206
啤酒妖精
207
桃子啤酒
207
黑色天鹅绒
208
米道丽啤
208
红眼睛
209

红鸟
209
基酒之
烧酒
Sboucbu
Base Cocktails
泡盛鸡尾酒
210
泡盛菲士
211
杏酒
211
黄瓜烧酒
212
黑糖凤梨
212
岛国乡村姑娘
213
斗牛犬烧酒
213
柠檬烧酒
213
基酒之无酒
精型鸡尾酒
Non-Alcoboric
Cocktails
冰果酒
214
拉多加酷乐
215
秀兰邓波
215
灰姑娘
216
纯真清风
216
蜜桃冰淇淋
217
猫步
217
佛罗里达
217
奶昔
218
柠檬水
218

第2章

调制鸡尾酒的方程式

鸡尾酒的分类

我们先来了解一下鸡尾酒的基本分类。

鸡尾酒大致上可以分为短饮和长饮两种。鸡尾酒有4种制作技法。

什么是鸡尾酒

简单地说，鸡尾酒是“以酒为基酒，由两种或两种以上的原材料混合而成的饮料”。另外，在本书中还介绍了“无酒精型鸡尾酒”，以便不能喝酒的人饮用。基本上那些“用酒作基酒调制出的混合饮料”都被称为鸡尾酒。

鸡尾酒名字的由来

“鸡尾酒”一词源于“Tail of Cock”，意为“公鸡尾巴”。关于鸡尾酒名字的由来，众说纷纭，有着许多不同的传说故事，直至现在还没有定论。有人说当时为了搅拌饮品而使用了公鸡尾巴，于是将公鸡尾巴搅拌过的饮品称为鸡尾酒；有人说由于构成鸡尾酒的原料种类很多，而且颜色绚丽，丰富多彩，如同公鸡尾部的羽毛一样美丽，于是人们就将这种不知名的饮品称作鸡尾酒。

短饮与长饮

按“饮用时间”和“酒杯大小”等可以将鸡尾酒大致地分为“短饮”和“长饮”两类。短饮是指将原材料用冰块等冷却后倒入鸡尾酒杯，趁凉短时间内饮用的鸡尾酒；而长饮是指用平底大玻璃杯或柯林杯等大酒杯调制成适于消磨时间悠闲饮用的鸡尾酒。

根据制作方法的风格进行的分类

长饮按温度可分为“冷饮”和“热饮”，另外，根据制作方法的风格（参照第230页）又可以分为更多种类。如果掌握了这些代表性风格，那么，不看鸡尾酒只听它的名字就能知道它的味道和制作方法。

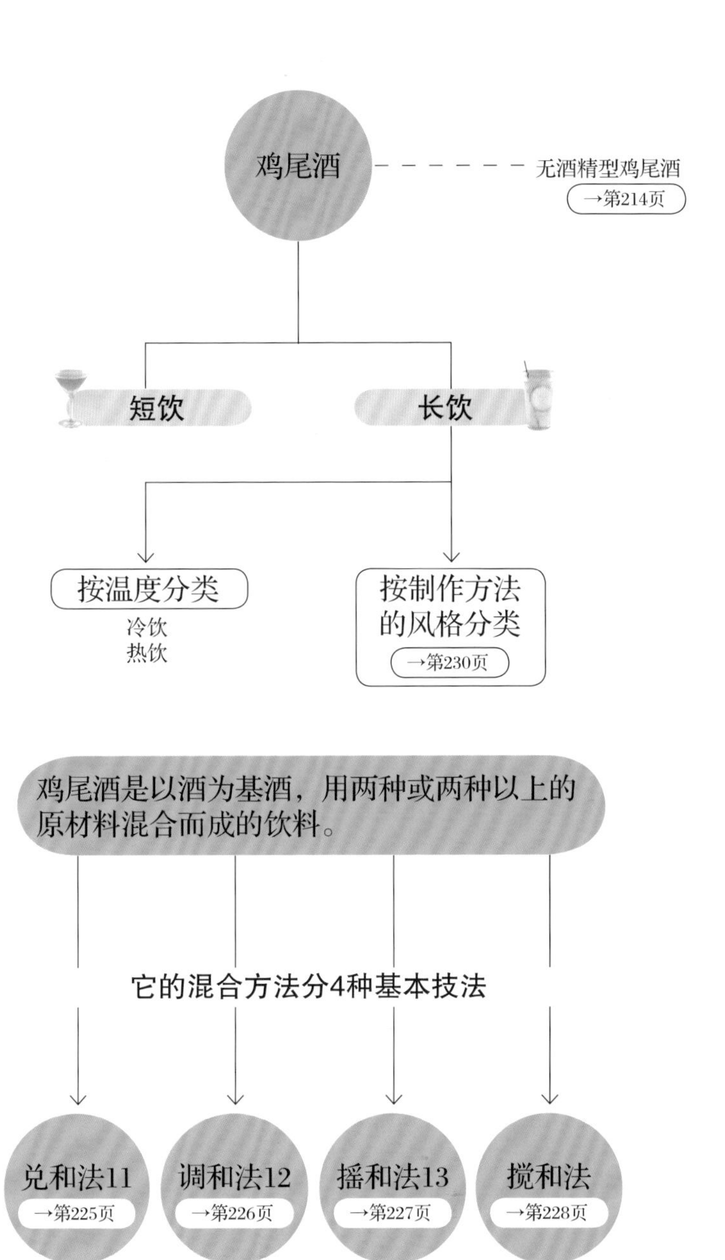
鸡尾酒
无酒精型鸡尾酒
→第214页
短饮
长饮
按温度分类
冷饮
热饮
按制作方法的风格分类
→第230页
鸡尾酒是以酒为基酒，用两种或两种以上的原材料混合而成的饮料。
它的混合方法分4种基本技法
兑和法11
→第225页
调和法12
→第226页
摇和法13
→第227页
搅和法
→第228页

鸡尾酒的方程式

调制鸡尾酒的主要原材料可以分为3类。如果了解了鸡尾酒味道的基本构造，知道它们混合的基本方程式，那么，任何人都能得心应手地调制鸡尾酒了。

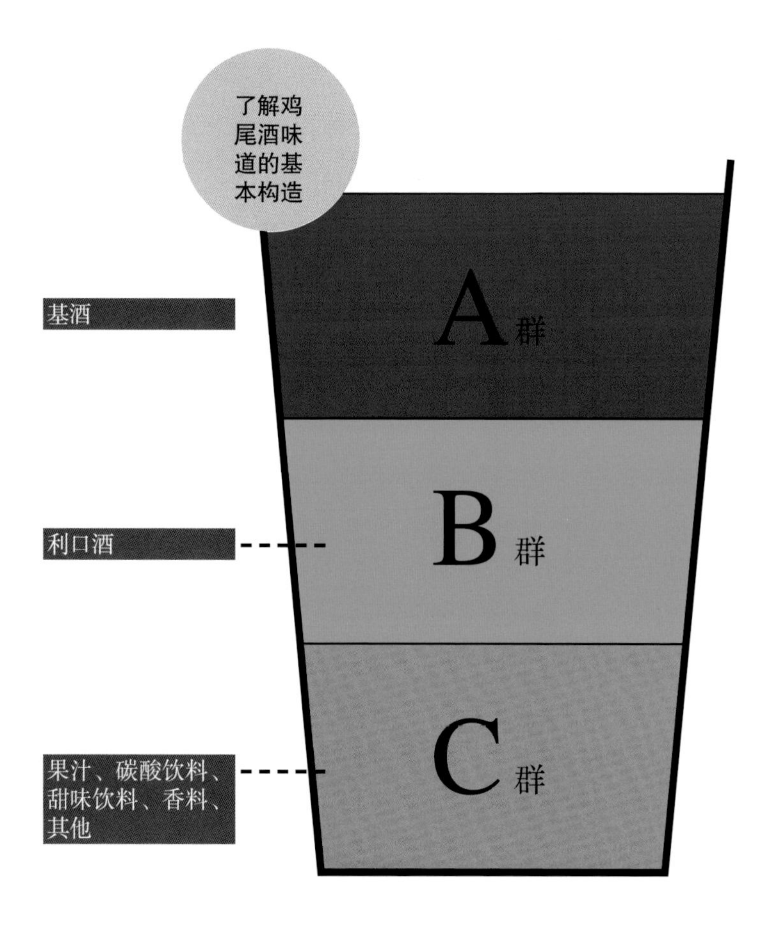

调制鸡尾酒的3种材料

A群

基酒

干金酒、伏特加、白朗姆酒、黑朗姆酒、特基拉酒、苏格兰威士忌、沽边波本威士忌、白兰地、葡萄酒、香槟酒、起泡葡萄酒、啤酒、烧酒等。

→详细说明见第46页～

B群

利口酒

杏子白兰地、绿薄荷酒、肯巴利酒、白柑桂酒、甜瓜利口酒、雪利白兰地、咖啡利口酒、荨麻酒、杏仁利口酒等。

→详细说明见第51页～

C群

果汁、碳酸饮料、甜味饮料、香料、其他

酸橙汁、柠檬汁、柳橙汁、苏打水、汤尼水、姜汁、砂糖、红石榴汁、安哥斯特拉苦精酒、乳制品、鸡蛋等。

→详细说明见第54页

鸡尾酒是从A～C群中选择2种或2种以上的材料进行混合调制而成的饮料。

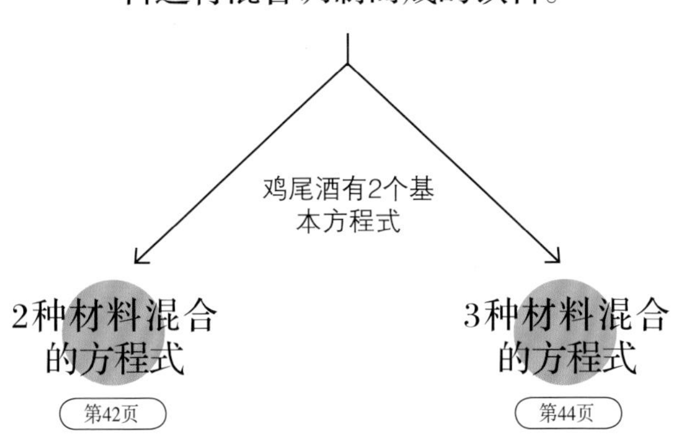

2种材料混合的方程式

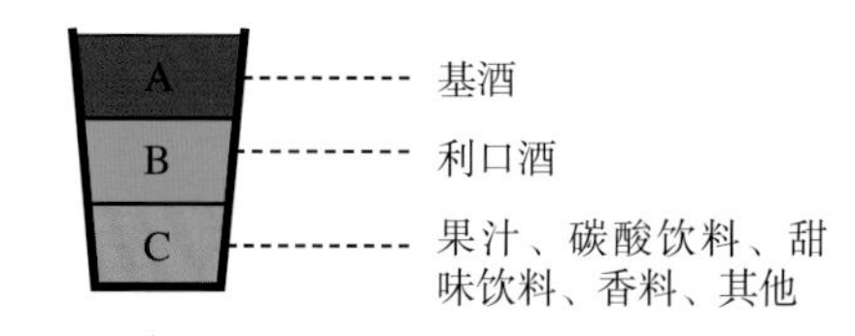

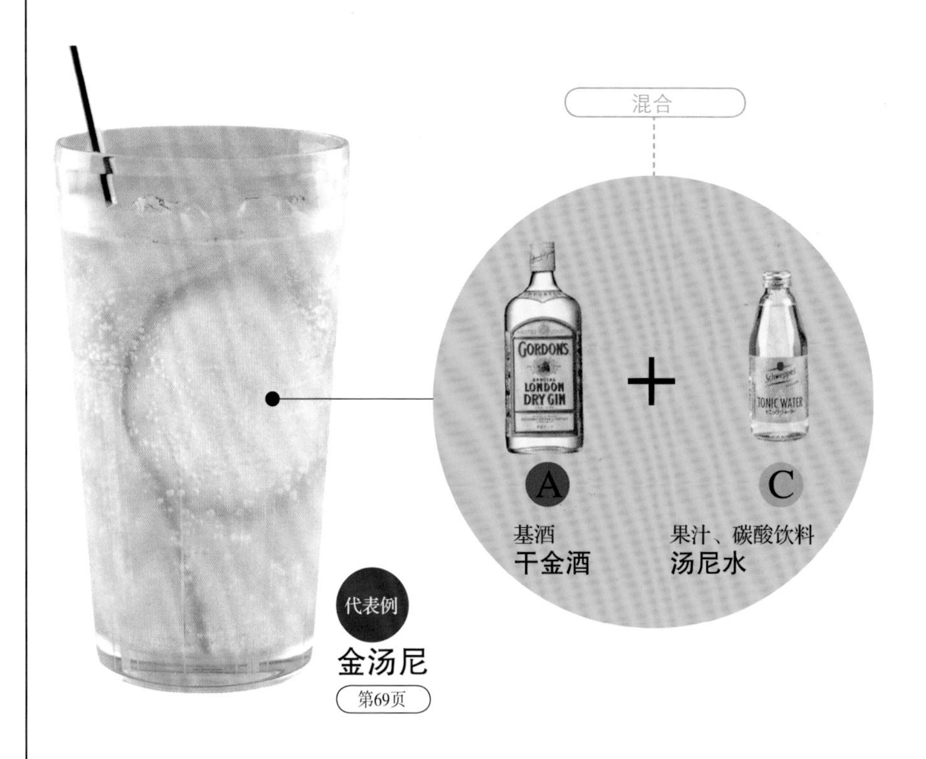

制作方法非常简单的组合

(A或B)+C的类型

将基酒或利口酒与果汁、碳酸饮料用酒杯或摇酒壶进行混合

本书介绍的代表性鸡尾酒

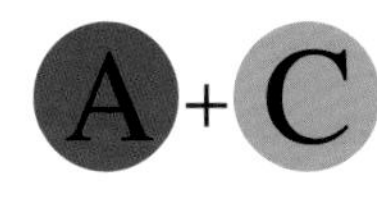

类型的鸡尾酒

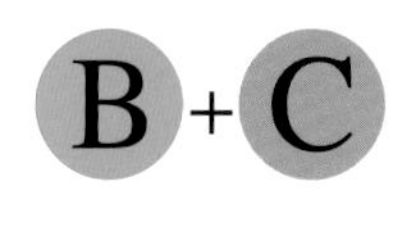

类型的鸡尾酒

3种材料混合的方程式A类

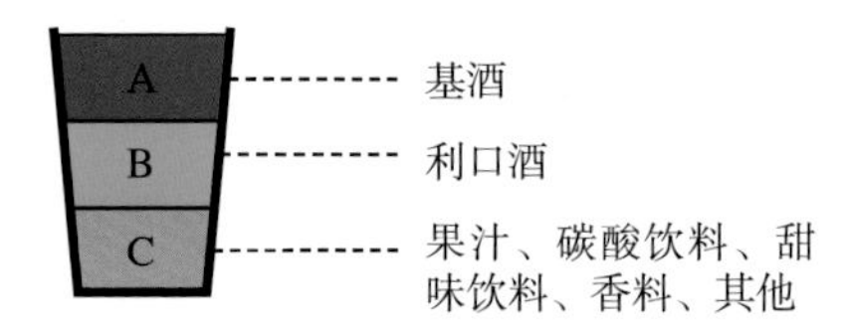

代表例

边车

第171页

最正统的鸡尾酒的方程式

A+B+C的类型

将基酒和利口酒与果汁、碳酸饮料、甜味饮料、香料用摇酒壶或酒杯进行混合

本书介绍的代表性鸡尾酒

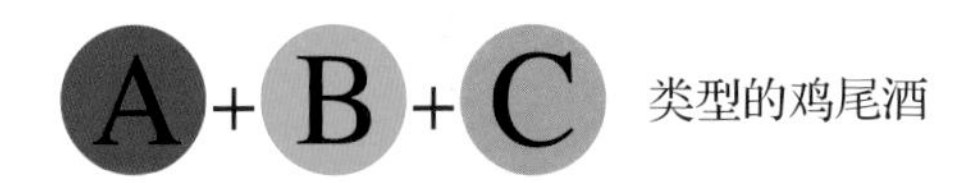

类型的鸡尾酒

鸡尾酒的原材料介绍

在鸡尾酒的调制中最重要的材料是酒类。在此将基酒分成8大种类，并就各个种类具体地解说一下。

●数据说明

产品名
解说文
酒精度数/原产地/容量

金酒

金酒是在用玉米及麦芽等谷物为原料制成的无色透明的蒸馏酒中用药草、香草等串香后制成的酒。这种酒的特点是具有浓烈的杜松子香气。

哥顿干金

这款酒品是传统英国干金中的第一品牌。它是颇受人们欢迎、容易买到的金酒之一。
酒精度数:40°
原产地：英国
容量：700毫升

孟买青玉蓝宝石

这是一款富含10种香味植物芳香的上等金酒。这种酒的特点是味道浓厚、香气馥郁。
酒精度数:47°
原产地：英国
容量：750毫升

添加利

这是一款上等干金酒的代表性品牌。这种酒的特点是酒味芳香醇厚。
酒精度数:47.3°
原产地：英国
容量：750毫升

添加利NO10

这是一款在添加利蒸馏室的NO10蒸馏木桶中依次少量生产出来的超级上等金酒。
酒精度数:47.3°
原产地：英国
容量：750毫升

将军金酒40°

这是一款正宗的、口感柔和的英国干金。
酒精度数：40°
原产地：英国
容量：750毫升

布多斯英国金酒

这是一款由苏格兰的清澈河水制成的上等金酒，它因此而具有了苏格兰河水特有的气息。
酒精度数：45°
原产地：英国
容量：750毫升

钻石金酒37.5°

这款酒品极具柑橘系列香气、富含清凉感、口感滑润。
酒精度数：37.5°
原产地：英国
容量：750毫升

普利茅斯金酒

这是一款口感极佳、口味柔和的上等英国金酒。
酒精度数：41.2°
原产地：英国
容量：750毫升

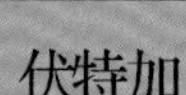

伏特加

伏特加是一种将谷物蒸馏后进行活性炭过滤并除去其中所含香气和味道的饮料。这种酒的特点是无味、无臭、无色。另外，也有少量的伏特加用香草或水果等进行串香，从而使其具有某种特殊的芳香。

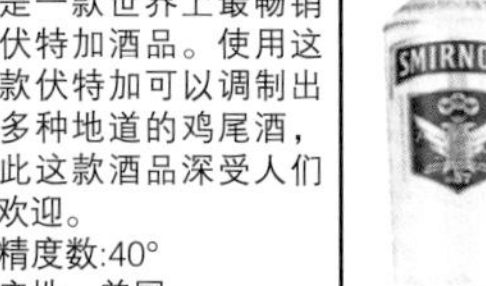

宝狮伏特加40°

这是一款世界上最畅销的伏特加酒品。使用这一款伏特加可以调制出许多种地道的鸡尾酒，因此这款酒品深受人们的欢迎。
酒精度数:40°
原产地：美国
容量：750毫升

宝狮伏特加50°

这款伏特加具有经过活性炭过滤处理后所特有的清凉口味。您如果喜欢刺激性酒品不妨试一试这款饮品。
酒精度数:50°
原产地：美国
容量：750毫升

绝对伏特加

这是一款口感清爽醇正、原产于瑞典的上等伏特加。
酒精度数：40°
原产地：瑞典
容量：750毫升

苏联红牌

这是一款正宗的俄罗斯产伏特加。这种酒口感滑润，色泽清澄透明。
酒精度数:40°
原产地：俄罗斯
容量：500毫升

福利兹

这是一款原产于丹麦的清凉型超级特等伏特加。
酒精度数：40°
原产地：丹麦
容量：750毫升

戈瑞古斯

这是一款1997年诞生于法国的极品——超级委内瑞拉上等伏特加。
酒精度数：40°
原产地：法国
容量：700毫升

天蓝

这是一款经过3次回炉、口感醇正润滑的上等伏特加。
酒精度数：40°
原产地：美国
容量：750毫升

朱波罗卡

这是一款用朱波罗卡草精汁酿制而成的加香伏特加。
酒精度数：40°
原产地：波兰
容量：750毫升

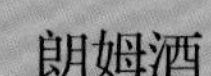

朗姆酒

朗姆酒是一种盛产于加勒比海地区的蒸馏酒。它以糖蜜及压榨出的甘蔗汁等为原料制成。朗姆酒依据色泽可分为无色、琥珀色、暗褐色3种，按照制作方法，则会分得更为细致。

百家地干朗姆

这款白朗姆酒堪称鸡尾酒基酒之最，它深受调酒师们的喜爱。
酒精度数：40°
原产地：波多黎各
容量：750毫升

百家地金朗姆

这是一款清香适口、味道醇厚的金黄朗姆酒。如果想更好地突出朗姆酒的味道，不妨选择这一款。
酒精度数：40°
原产地：波多黎各
容量：750毫升

柠檬心白朗姆

这是一款最适合作鸡尾酒基酒的白朗姆酒。这种酒的特点是口感清新爽快。
酒精度数：40°
原产地：英国
容量：700毫升

柠檬心德梅拉

这是一款口味适中的金黄朗姆酒，口感介于温和、浓烈之间。这款酒香味馥郁、芳香醇厚。
酒精度数：40°
原产地：英国
容量：700毫升

朗立可白莱姆酒

这款酒品口感温和，最宜作基酒。它是地道的加勒比海朗姆酒。
酒精度数：40°
原产地：波多黎各
容量：700毫升

美雅士白朗姆

这是一款极具朗姆酒特有的香甜水果口味的牙买加白朗姆酒。
酒精度数：40°
原产地：牙买加
容量：750毫升

美雅士朗姆酒

这是一款芳香浓郁、口味馥郁的特立尼达和多巴哥黑莱姆酒。
酒精度数：40°
原产地：牙买加
容量：700毫升

费尔南德斯19金朗姆

这是一款由精选的上等甘蔗加工而成的、味感协调、口味芳醇的朗姆酒。
酒精度数：40°
原产地：特立尼达和多巴哥
容量：750毫升

特基拉酒

特基拉酒是墨西哥地区特产的一种烈性酒。这种酒以一种类似芦荟、名叫龙舌兰的植物为原料。我们通常见到的多为未经陈酿的白色特基拉酒和久经陈酿的金黄色特基拉酒。其中呈琥珀色的属于陈酿一年以上的特基拉酒。

特基拉酒索查银白色

这一款白色特基拉酒，它以清新的香气和纯净的口感赢得了人们的喜爱。
酒精度数：40°
原产地：墨西哥
容量：750毫升

特基拉酒索查金黄色

这是一款由拥有120多年悠久历史的特基拉酒生产商倾心打造的、口感柔和的金黄色特基拉酒。
酒精度数：40°
原产地：墨西哥
容量：750毫升

斗牛士特基拉酒银白色

这是一款用40天时间在橡木桶内酿造的上等特基拉酒。这种酒品的特点是口感清新温和。
酒精度数：40°
原产地：墨西哥
容量：750毫升

金快活

这是一款用橡木桶陈酿而成的、口感圆润醇厚的上等金黄色特基拉酒。
酒精度数：40°
原产地：墨西哥
容量：750毫升

特基拉安乔1800

这是一款用橡木桶长年陈酿而成的、味道醇厚的金黄色特基拉酒。
酒精度数：40°
原产地：墨西哥
容量：750毫升

玛丽亚西特基拉酒银白色

这是一款采用传统工艺陈酿而成的、富含水果口味的白色特基拉酒。
酒精度数：40°
原产地：墨西哥
容量：750毫升

懒虫银龙舌兰

这款酒是由拥有70多年悠久历史的特基拉市产的懒虫酒经过蒸馏酿成的。
酒精度数：40°
原产地：墨西哥
容量：750毫升

奥美加龙舌兰

这款酒的特点是杂味少、香味纯。它是最适合作鸡尾酒基酒的上等特基拉酒。
酒精度数：40°
原产地：墨西哥
容量：750毫升

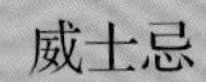

威士忌

威士忌是以大麦、小麦、玉米等谷物为原料，经糖化、发酵之后再进行蒸馏，最后置于橡木桶中发酵而成的一种饮料。由于在世界各地都可以使用适合当地风土的谷物为原料，所以威士忌种类繁多，味道各异。

特醇百龄坛40年

这是一款深受世界上160个国家人民喜爱的地道的苏格兰威士忌。
酒精度数：40°
原产地：英国
容量：700毫升

顺风威EC

这是一款口味清淡、口感润滑的特醇百龄坛，它是苏格兰威士忌中的佼佼者。
酒精度数：40°
原产地：英国
容量：700毫升

芝华士12年

这是一款使用大量的麦芽酿造而成的上等特醇百龄坛，它也属于苏格兰威士忌。
酒精度数：40°
原产地：苏格兰
容量：700毫升

格兰菲蒂切12年（特藏）

这是一款入口润滑、口感协调的苏格兰威士忌。它是用纯麦芽作原料制成的。
酒精度数：40°
原产地：英国
容量：700毫升

马加兰12年

这是一款具有水果芳香、口味馥郁的苏格兰威士忌。它是用纯麦芽作原料制成的。
酒精度数：40°
原产地：英国
容量：700毫升

I. W. 哈柏金酒

这是一款口味中等清淡的沾边波本威士忌。
酒精度数：40°
原产地：美国
容量：700毫升

四朵玫瑰

这是一款让人联想到鲜花和果实的、香气浓郁的都市型沾边波本威士忌。
酒精度数：40°
原产地：美国
容量：700毫升

伊万·威廉斯7年

这是一款芳香馥郁、余味清爽的沾边波本威士忌。
酒精度数：43°
原产地：美国
容量：750毫升

金冰黑麦威士忌

这是一款水果芳香、口感轻快的黑麦威士忌。
酒精度数：40°
原产地：美国
容量：700毫升

加拿大俱乐部

这是一款香味高度纯正、口感温和的加拿大威士忌。
酒精度数：40°
原产地：加拿大
容量：700毫升

特拉莫尔露

这是一款极具大麦原料温和风味的、颇具代表性的爱尔兰威士忌。
酒精度数：40°
原产地：爱尔兰
容量：700毫升

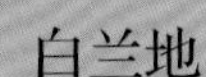

白兰地

白兰地是将水果经过发酵蒸馏处理后酿制而成的酒品的总称。最常见的是葡萄酿制的白兰地，也有使用苹果、樱桃、杏等作原料制成的白兰地，可以说种类繁多。

人头马干邑白兰地V.S.O.P

这是一款平均花费5年以上时间陈酿而成的干邑白兰地。这种酒品香味馥郁、口感醇厚。
酒精度数：40°
原产地：法国
容量：700毫升

轩尼诗干邑白兰地V.S.O.P

这是一款口感温和、风味浓郁、味道协调的干邑白兰地。
酒精度数：40°
原产地：法国
容量：700毫升

卡米极品白兰地VSOP(红色商标)

这是一款水果口味、微带酸味并有香草余味的干邑白兰地。
酒精度数：40°
原产地：法国
容量：700毫升

金牌马爹利

这款酒因以金牌为名而深受世界各族人民的喜爱，它是采用传统方法制成的干邑白兰地。
酒精度数：40°
原产地：法国
容量：700毫升

诺曼底苹果酒

这种酒在苹果味白兰地中是最畅销的一款，它口感润滑，属于上等苹果白兰地。
酒精度数：40°
原产地：法国
容量：700毫升

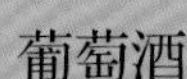

葡萄酒

葡萄酒是一种以葡萄为原料酿造而成的酒品。一般按照酒的色泽可以分为红葡萄酒、白葡萄酒、深红葡萄酒。如果依据酿制方法，则可以作出以下分类。

平静葡萄酒▶

金马尔罗卡罗

这是一款用鲜果为原料酿制而成的白葡萄酒。它富含矿物质。
酒精度数：不足14°
原产地：法国
容量：750毫升

梅洛红葡萄酒

这是一款梅洛红系列的红葡萄酒。它的特点是酒香浓郁、舒爽滑润。
酒精度数：不足14°
原产地：法国
容量：750毫升

加香型葡萄酒▶

诺瓦丽帕特干葡萄酒

这是一款用20种香草香薰而成、口感高雅、味道醇厚的法国干味美思。
酒精度数：18°
原产地：法国
容量：750毫升

诺瓦丽帕特甜葡萄酒

这是一款口味丰富、味道典雅的法国甜味美思。
酒精度数：16°
原产地：法国
容量：750毫升

莉兰开胃酒

这是一款以白葡萄酒为基酒、调入水果利口酒的高级餐前葡萄酒。
酒精度数：17°
原产地：法国
容量：750毫升

仙山露味美思干葡萄酒

这是一款以白葡萄酒为基酒，并混合了各种香草和调味品的意大利风味的非甜味型味美思。
酒精度数：18°
原产地：意大利
容量：1000毫升

仙山露味美思红葡萄酒

这是一款调入香草和调味品，并用焦糖着色的、甜口的意大利甜味美思。
酒精度数：15°
原产地：意大利
容量：1000毫升

杜宝内

这是一款将金鸡纳树皮与香草相混合的、诞生于巴黎的餐前葡萄酒。
酒精度数：14.8°
原产地：法国
容量：50毫升

马提尼特干葡萄酒

这是一款低糖分、味道醇厚、辛辣口味的意大利特干味美思。
酒精度数：18°
原产地：意大利
容量：750毫升

马提尼甜酒

这是一款微带甜味的、意大利甜味美思。
酒精度数：16°
原产地：意大利
容量：750毫升

起泡葡萄酒▶

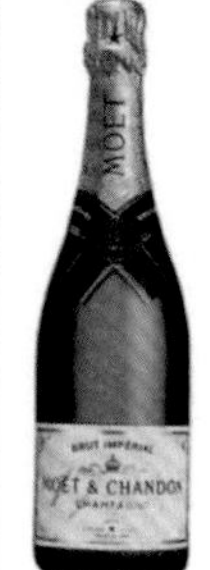

法国酩悦粉红香槟

这款酒品是香槟极品中的极品。它的特点是口感协调、味道典雅。
酒精度数：12°
原产地：法国
容量：750毫升

包玛瑞顶级香槟

这款酒是辛辣型香槟中的极品，它的特点是口味典雅、个性张扬。
酒精度数：不足13°
原产地：法国
容量：750毫升

巴黎之花美丽时光香槟

这款酒的外观是由伊迈尔·格勒设计的。它属于口味丰富的香槟。
酒精度数：12°
原产地：法国
容量：750毫升

罗格戈拉特辛葡萄酒

这是一款清澈透明、口味清凉的辛口气泡葡萄酒。
酒精度数：12°
原产地：西班牙
容量：750毫升

马提尼甜味气泡葡萄酒

这是一款水果口味、凉爽口感、富含多种风味的气泡葡萄酒。
酒精度数：不足8°
原产地：意大利
容量：750毫升

加烈葡萄酒▶

三得曼干葡萄酒

这是一款口感清凉、味道醇厚的辛辣型雪利酒。
酒精度数：15°
原产地：西班牙
容量：750毫升

波尔图红葡萄酒

这是一款呈红宝石色波尔图葡萄酒。它的口味清爽，因此深受人们欢迎。
酒精度数：20°
原产地：葡萄牙
容量：750毫升

利口酒

利口酒是在蒸馏酒（烈酒）中加入药草、香草、水果和坚果等成分酿制而成的。它是具有特殊香味和色泽的酒品，又称为混合酒。

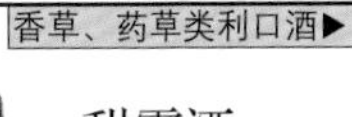

香草、药草类利口酒▶

甜露酒

它是利口酒中历史最悠久，并且拥有神圣药力的一种甜酒。其特点是带有蜂蜜的味道。
酒精度数：40°
原产地：法国
容量：750毫升

加里安诺

这是一款融合了香草芳香的肯巴利利口酒。
酒精度数：30°
原产地：意大利
容量：700毫升

黄色荨麻酒

这是一款具有法国特色的草药系列利口酒，它被誉为“利口酒女王”，带有药草和蜂蜜的芳香。
酒精度数：40°
原产地：法国
容量：700毫升

黄绿色荨麻酒

这款利口酒是由中世纪修道院世代流传下来的草药系列名酒，它融合了多达130种的香草精华。
酒精度数：55°
原产地：法国
容量：700毫升

肯巴利酒

这款利口酒清爽微酸而略带苦涩，深受世界各国人民的喜爱。
酒精度数：24°
原产地：意大利
容量：1000毫升

贝合诺

这是一款加入15种药草具有独特香味的利口酒，特点是清爽可口。
酒精度数：40°
原产地：法国
容量：700毫升

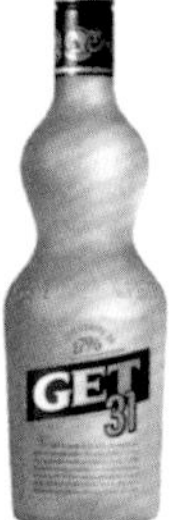

清香薄荷·GET31

这是一款无色透明、清凉爽口的白薄荷酒，深受人们喜爱。
酒精度数：24°
原产地：法国
容量：700毫升

清香薄荷·GET27

这款酒的味道清甜爽口，被称为世界薄荷酒之最。
酒精度数：21°
原产地：法国
容量：700毫升

马爹利

这款利口酒是法国茴香酒中的极品，其特点是带有欧亚香草的芳香。
酒精度数：45°
原产地：法国
容量：700毫升

法国苦·波功

这款酒是以鲜橙皮和苹果为原料制成的。它产于英国，属于可苦味系列利口酒。
酒精度数：18°
原产地：法国
容量：1000毫升

西娜尔

这是一款以朝鲜蓟为原料的利口酒，它融合了13种香草的精华，味道微苦。
酒精度数：16°
原产地：意大利
容量：700毫升

涓必酒

这款酒是用成熟15年以上的优质苏格兰麦芽酿制而成的，其中加入了石南花的花蜜和多种香草。
酒精度数：40°
原产地：英国
容量：750毫升

三得利株式会社樱花酒

这是一款以樱花的花瓣和嫩叶为材料制成的利口酒，带有樱花的芳香和纯天然的清甜。
酒精度数：22°
原产地：日本
容量：500毫升

苏兹酒

这款利口酒使用了欧洲原产龙胆科香草和多种药草作材料，味道微苦。
酒精度数：15°
原产地：法国
容量：1000毫升

爱情利乔酒

这是一款融合了玫瑰、杏仁、香草等精华的利口酒，呈现紫罗兰色，而且味道甜美。
酒精度数：24°
原产地：荷兰
容量：700毫升

利杰杏味利口酒

这款利口酒是以优质杏为原料制成的，带有杏仁的芳香，属于果汁类的酒品。
酒精度数：15°
原产地：法国
容量：700毫升

波尔斯杏子白兰地

这是一款采用鲜杏的果肉和杏仁为主要原料的利口酒，其中还加入了香草和白兰地。
酒精度数：24°
原产地：荷兰
容量：700毫升

君度酒

这是目前世界上最负盛名的白柑桂酒，是以鲜橙的果皮为原料制成的。
酒精度数：40°
原产地：法国
容量：700毫升

库舍涅白橙皮利口酒

这是一款以精选鲜橙为原料制成的白柑桂酒，口味十分丰富。
酒精度数：20°
原产地：法国
容量：700毫升

波尔斯黑刺李金酒

这款酒品是用欧洲原产黑刺李作原材料酿制而成的，它的特点是清甜微酸并且略带苦味。
酒精度数：33°
原产地：荷兰
容量：700毫升

迪塔

这是一款带有异国情调的荔枝利口酒。酒香中弥漫着荔枝的清甜，令人满口生津。
酒精度数：24°
原产地：法国
容量：700毫升

格林曼聂酒

这是一款用干邑和海地产的苦味柳橙作原料制成的上等柳橙柑桂酒。
酒精度数：40°
原产地：法国
容量：700毫升

库舍涅柳橙柑桂酒

这是一款在海地和西班牙产的柳橙皮中加入白兰地后长年陈酿而成的柳橙柑桂酒。
酒精度数：29°
原产地：法国
容量：700毫升

天蓝利口酒

这是一款有着清新的酒香的蓝柑桂酒，它那鲜亮的蓝色给人留下了深刻的印象。
酒精度数：24°
原产地：日本
容量：750毫升

库舍涅蓝柑桂酒

这款蓝柑桂酒是由西班牙产的鲜橙制作而成，它那浓郁的酒香和鲜艳的色泽令人难忘。
酒精度数：25°
原产地：法国
容量：700毫升

绿甜瓜利口酒

这是一款产自日本的甜瓜味利口酒。它色泽鲜亮，酒香浓郁，深受世界各国人民喜爱。
酒精度数：23°
原产地：日本
容量：750毫升

喜龄樱桃利口酒

酒香中飘逸着新鲜樱桃的清甜。这款酒属于纯天然的樱桃味白兰地。
酒精度数：25°
原产地：丹麦
容量：700毫升

波尔斯樱桃白兰地

这是一款浓缩了樱桃口味的白兰地酒。
酒精度数：24°
原产地：荷兰
容量：700毫升

南方安逸酒

爽口的水果芳香和浓烈的甘甜令人联想到当年波旁王朝追随者的狂热。这是一款极具个性的果汁类利口酒。
酒精度数：21°
原产地：美国
容量：750毫升

利杰桃味利口酒

这是一款产于法国南部的桃汁类利口酒。它是以鲜桃为原料制成的，特点是口感清爽、酒味醇香。
酒精度数：15°
原产地：法国
容量：700毫升

库舍涅桃味利口酒

这款利口酒是以熟透的白色桃子为原料制成的。它的特点是口感好，并且酒香中带有鲜果的清甜。
酒精度数：20°
原产地：法国
容量：700毫升

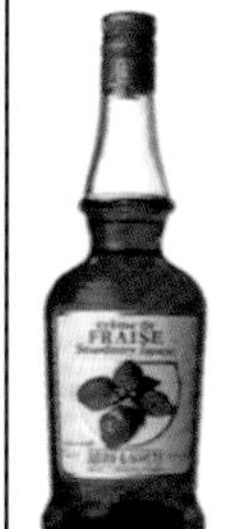

利杰草莓利口酒

这是一款将草莓的天然色泽和香醇甜美的酒香融合在一起的利口酒。
酒精度数：15°
原产地：法国
容量：700毫升

帕索阿

这是一款洋溢着热带风情的果味利口酒。
酒精度数：20°
原产地：法国
容量：700毫升

利杰黑醋栗利口酒

这是一款历史最悠久的黑醋栗利口酒。黑醋栗那特有的芳香和充满野性的酒香使人心旷神怡，它的特点是口感舒爽。
酒精度数：20°
原产地：法国
容量：700毫升

库舍涅黑醋栗利口酒20%

这款利口酒是使用原产于法国第戎市的黑醋栗为原料制成的。它的特点是酒液浓厚醇香。
酒精度数：20°
原产地：法国
容量：700毫升

马利宝

这是一款由STRAIGHT公司推出的利口酒。它那浓郁的椰子香味会让您联想到夏日的迷人风情。
酒精度数：21°
原产地：英国
容量：700毫升

库舍涅木莓利口酒

这款利口酒会让人感受到木莓的浓香和鲜果的甜美。
酒精度数：18°
原产地：法国
容量：700毫升

波尔斯香蕉利口酒

这款利口酒能让您感受到香蕉那浓郁香甜的气息。
酒精度数：17°
原产地：荷兰
容量：700毫升

无色樱桃酒

这是一款采用欧洲野生樱桃为原材料制成的樱桃味利口酒。它的特点是口味醇厚浓香、酒液无色透明。
酒精度数：35°
原产地：意大利
容量：700毫升

坚果类利口酒▶

波尔斯可可豆白色利口酒

这是一款采用经过烘烤的可可豆为原材料制作而成无色透明的利口酒。
酒精度数：24°
原产地：荷兰
容量：700毫升

波尔斯可可豆味褐色利口酒

这是一款选用经过烘烤的优质可可豆为原料制成的利口酒。它能散发出干果的浓郁芳香。
酒精度数：24°
原产地：荷兰
容量：700毫升

芳津杏仁利口酒

这是一款历史最悠久的杏仁利口酒。它的原料是杏仁、香草、可可豆等。
酒精度数：28°
原产地：意大利
容量：700毫升

咖啡蜜利口酒

这款酒是精选咖啡专用可可豆制成的，属于顶级的咖啡利口酒。
酒精度数：26°
原产地：英国
容量：700毫升

其他▶

瓦宁库斯蛋黄酒

这款酒是以白兰地为基酒，加入鸡蛋黄和砂糖混合而成的。它属于荷兰传统的蛋黄系列利口酒。
酒精度数：17°
原产地：荷兰
容量：700毫升

其他可以用来作基酒的酒类

啤酒系列

啤酒主要分为德国系列的下面发酵啤酒（德国产啤酒多为此类）和英国系列的上面发酵啤酒两大类。其中前者被称作“德式啤酒”，后者被称作“淡色啤酒”。将麦芽烘烤后酿成的浓色啤酒在德国系列中称为“黑啤酒”，在英国系列中则叫做“烈性啤酒”“黑啤酒”“苦味酒”。

泡盛·烧酒系列

南光

这是一款清爽的泡盛烧酒。
酒精度数：30°
容量：600毫升

喜界岛

这是一款口感协调的黑色加糖烧酒。
酒精度数：25°
容量：900毫升

宝字号纯烧酒

这是一款酒香浓郁醇厚的甲类烧酒。
酒精度数：25°
容量：720毫升

鸡尾酒的辅助材料

果汁、碳酸系列

水果果汁

调制鸡尾酒时最好使用纯天然果汁做辅助材料，但是也可以选择市面上常见的100%果汁，它们也可以制作出美味可口的饮品。

碳酸类饮料

这种材料是制作大杯饮料所不可缺少的。在超市、酒店、24小时便利店都可以买到它。

柠檬汁、酸橙汁

它们是调制鸡尾酒时最常用的两种果汁。市面上销售的相关产品就非常好用。图中的果汁从左向右依次是酸橙汁（加糖）、混合柠檬汁、酸橙汁（100%纯果汁型）、柠檬汁（100%纯果汁型）。

加糖类、加香类辅助材料

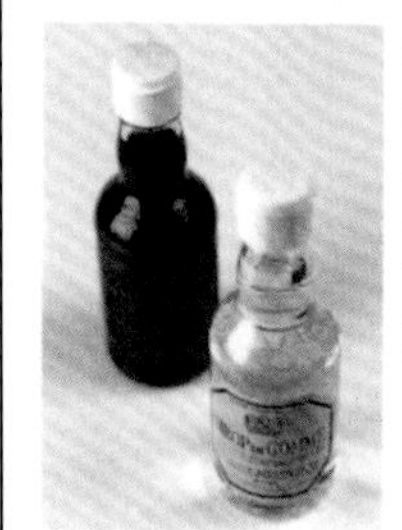

糖浆、红石榴汁

配方中的砂糖可以使用糖浆型果汁来代替。这种糖浆是在纯果汁中加入砂糖制成的。

安哥斯特拉苦精酒

这种酒主要是用来调节鸡尾酒口味的。它属于苦味酒，酒香浓烈，有刺激性。
酒精度数：44.7°
容量：200毫升

贺美斯柳橙苦精酒

这款酒是采用多种草药制成的，它属于带有橘子芳香的苦味酒，也是用来调节鸡尾酒口味的。
酒精度数：45°
容量：60毫升

第3章

鸡尾酒制作

基酒之金酒

Gin Base Cocktails

鸡尾酒中使用次数最多、最具有亲和力的基酒就是金酒。大多数鸡尾酒都具有干金酒的特殊香味。

Earthquake

地震

40度　辛口　摇和法

这款鸡尾酒酒精度高,喝多了人就摇摇晃晃的，宛如发生地震的情形,因此名为“地震”。这款辛口鸡尾酒极适合酒量大的人饮用。

干金酒……………………………………20毫升
威士忌……………………………………20毫升
贝合诺酒…………………………………20毫升

将原材料倒入摇壶摇匀后倒入鸡尾酒杯。

Ideal
理想

30度 中口 摇和法

这款鸡尾酒把辛口的金酒、干味美思与葡萄的酸味以及黑樱桃甜酒的芳香完美地结合在一起。这款酒品清甜爽口，适于餐前饮用。

干金酒……………… 40毫升
干味美思…………… 20毫升
葡萄柚汁…………… 1茶匙
黑樱桃甜酒………… 3点

将原材料摇匀后倒入鸡尾酒杯内。

Aoi Sangoshou
蓝珊瑚

33度 中口 摇和法

这款酒曾在1950年召开的“全日本第2届饮料大赛”上获得过第一名。它的制作者是名古屋市的鹿野彦司。这款酒品不但有金酒和薄荷酒的滑润清爽口感，还带有柠檬的芳香。

干金酒……………… 40毫升
绿薄荷酒…………… 20毫升
柠檬（润湿用）、酒味樱桃、薄荷叶……………… 各适量

用柠檬润湿鸡尾酒杯的边缘(第229页)，将原材料摇匀后倒入酒杯中，最后让酒味樱桃沉淀下来，并装饰上薄荷叶。

Aviation
飞机

30度 辛口 摇和法

“Aviation”是飞行、飞机的意思。这是一款将柠檬汁和干金酒混合后调制而成的辛口鸡尾酒。这款酒品醇厚的酒香中还透着黑樱桃甜酒的清香甘甜。

干金酒……………… 45毫升
柠檬汁……………… 15毫升
黑樱桃甜酒………… 1茶匙

将原材料摇匀后倒入鸡尾酒杯内。

Abbey
修道士

28度　中口　摇和法

这款酒在清爽的橘花酒中加入了柳橙苦精酒来调节口味。它是一种清爽中略带微苦的中口鸡尾酒。在那深色的酒液中飘逸着果肉的清香，适合作为餐前酒饮用。

干金酒………………40毫升
柳橙汁………………20毫升
柳橙苦精酒………约1毫升
酒味樱桃………………适量

将原材料摇匀后倒入鸡尾酒杯内。您可以根据个人喜好装饰上酒味樱桃。

Apetirif
开胃酒

24度　中口　摇和法

"apetirif"这个词是餐前酒的意思。它带有柳橙汁的芳香和杜宝内酒的清甜，是一款柔润舒滑的鸡尾酒。也有一些不使用柳橙汁作原材料的配方。

干金酒………………30毫升
杜宝内酒……………15毫升
柳橙汁………………15毫升

将原材料摇匀后倒入鸡尾酒杯内。

Around The World
环游世界

30度　中口　摇和法

这款酒是代表环游世界一周的意思。它呈现淡绿色，属于中口鸡尾酒。它同时带有凤梨的酸甜和薄荷的清香。饮用后，人们会有种清爽明快的感觉。

干金酒………………40毫升
绿薄荷酒……………10毫升
凤梨汁………………10毫升
绿樱桃…………………适量

将原材料倒入摇壶摇匀后倒入鸡尾酒杯中，然后让绿樱桃沉淀下来。

Alaska

阿拉斯加

40度 中口 摇和法

这款鸡尾酒最早是由伦敦的哈利・库拉朵库创制的。这种酒酸甜交合，口味丰富，虽然酒精度数偏高了一些，但还是非常可口的。

干金酒……………………………………45毫升
荨麻酒（黄色）…………………………15毫升

将原材料倒入摇壶摇匀后倒入鸡尾酒杯。

Alexander's Sister

亚历山大姐妹

25度 甘口 摇和法

这款甘口鸡尾酒是从亚历山大(见本书第168页)变化得来的。它同时带有薄荷香和奶油香，所以深受女性喜爱。

干金酒……………………………………30毫升
绿薄荷酒…………………………………15毫升
鲜奶油……………………………………15毫升

将原材料摇匀后倒入鸡尾酒杯内。

Asian Way
亚洲之路

30度　中口　摇和法

这是一款口感清爽的中口鸡尾酒。它的特点是在酒香中飘逸着爱情利乔酒的甜美。这款酒品用艳丽的紫色创造出了一种浪漫的氛围。

干金酒…………………40毫升
爱情利乔酒（第52页）
……………………………20毫升
柠檬皮…………………… 适量

将原材料倒入摇壶充分摇匀后，倒入盛有冰块的鸡尾酒杯内。最后再装饰上柠檬皮，并使它悬浮在酒液的上层。

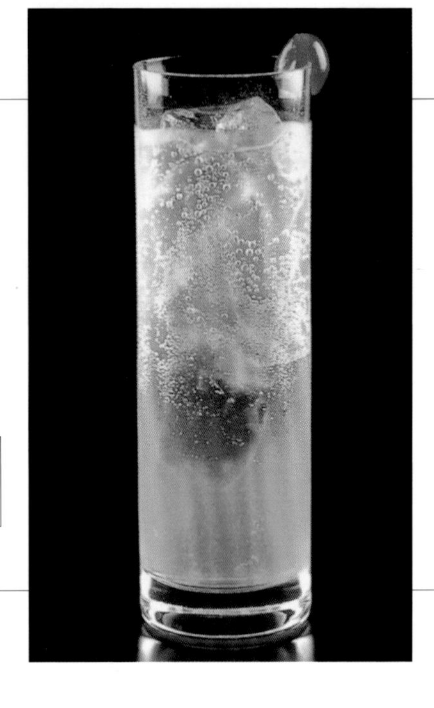

Emerald Cooler
翡翠酷乐

24度　中口　摇和法

这款鸡尾酒是由绿薄荷酒、柠檬汁以及苏打水共同构成的。它的特点是清润爽口。宝石般的透明显现出了翡翠酷乐的美。

干金酒…………………30毫升
绿薄荷酒………………15毫升
柠檬汁…………………15毫升
糖浆…………………… 1茶匙
苏打水………………… 适量
酒味樱桃……………… 适量

将苏打水之外的原材料全部倒进摇壶摇匀，然后倒入盛有冰块的鸡尾酒杯中。再用冰凉的苏打水注满酒杯，并轻轻地搅拌，最后装饰上酒味樱桃。

Orange Fizz
柳橙菲士

14度　中口　摇和法

这款鸡尾酒是将颇有人气的金菲士（第70页）与柳橙汁混合后调制而成的。它的特点是在酒香中飘逸着浓郁的果香。在制作本饮品的过程中也可以使用糖浆来控制酒的甜度。

干金酒…………………45毫升
柳橙汁…………………20毫升
柠檬汁…………………15毫升
糖浆…………………… 1茶匙
苏打水………………… 适量

将苏打水之外的原材料全部倒进摇壶摇匀，然后倒入盛有冰块的鸡尾酒杯中。再把冰凉的苏打水注满酒杯，并轻轻地搅拌。

Orange Blossom

橘花

24度　中口　摇和法

“orange blossom”是橘花的意思。在美国禁酒时代，人们曾经使用柳橙汁来中和金酒的气味，从而掩饰它原本的酒香。由于它带有果汁的味道，因此适于在餐前饮用。

干金酒………………40毫升
柳橙汁………………20毫升

将原材料倒入摇壶充分摇匀后再倒入鸡尾酒杯中。

Casino

赌场

40度　辛口　调和法

由于要使用1玻璃杯金酒作为原料，因此这款酒品的酒精度数很高。另外，酒香中还飘溢着樱桃和柳橘苦精酒的清香，从而引出了金酒的风味。

干金酒………………60毫升
黑樱桃酒………………2点
柳橘苦精酒……………2点
柠檬汁…………………2点
橄榄（或酒味樱桃）…适量

将原材料用混合杯搅拌均匀后倒入鸡尾酒杯中。最后装饰上鸡尾酒饰针穿的橄榄（或酒味樱桃）。

Caruso

卡鲁索

29度　中口　调和法

这款鸡尾酒是以19世纪末至20世纪初活跃在意大利的一名歌剧演唱家的名字命名的。这个人叫伊瑞克・卡鲁索。在这款酒品中那薄荷叶般翠绿的酒液会让人们自然而然地感到清爽。

干金酒………………30毫升
干味美思……………15毫升
绿薄荷酒……………15毫升

将原材料用混合杯搅拌均匀后倒入鸡尾酒杯中。

Kiwi Martini
猕猴桃马提尼

25度　中口　摇和法

这款酒中散发着猕猴桃的天然果香和清甜。如果您感到甜度已经合适了，也可以不放糖浆。在这里也可以将猕猴桃换成凤梨或是桃子之类的水果。

干金酒………………45毫升
鲜猕猴桃………………1/2个
糖浆……………1/2～1茶匙

留出装饰用的猕猴桃，把剩下的部分切成小块与其他材料一起放入摇壶摇匀，然后倒入大的鸡尾酒杯内，最后装饰上猕猴桃。

Kiss In The Dark
黑夜之吻

39度　中口　摇和法

“黑夜之吻”的命名具有很强的浪漫色彩。这款鸡尾酒不但拥有金酒和雪利白兰地的甘甜，并且还带有味美思的芳香。

干金酒………………30毫升
雪利白兰地…………30毫升
干味美思…………约1茶匙

将原材料倒入摇壶充分摇匀后，再倒入鸡尾酒杯中。

Gibson
吉普森

36度　辛口　调和法

这款面向成人的鸡尾酒非常受欢迎。它属于酒精度数较高的酒。这款酒的配方虽然跟马提尼酒（第83页）基本相同，但是它对金酒的需求量比标准的马提尼酒要多，所以它的酒精度数更高。

干金酒………………50毫升
干味美思……………10毫升
珍珠圆葱………………适量

将原材料用混合杯调和均匀后倒入鸡尾酒杯中。最后使珍珠圆葱沉入杯底。

Gimlet
占列酒

30度　中口　摇和法

这款酒的名称来源于雷蒙德·钱德拉写的小说《漫长的告别》中的一句著名台词“喝占列酒还为时过早”。“Gimlet”这个词原本是木工用的一种工具名，意思是“手钻”。虽然文字只是代表事物的符号，但我们从这个名字中就可以感觉到这款鸡尾酒酒味浓烈。

干金酒………………45毫升
酸橙汁（加糖）……15毫升

将原材料倒入摇壶充分摇匀后，再倒入鸡尾酒杯中。

Claridge
库勒里基

28度　中口　摇和法

这款酒属于巴黎“Claridge酒店”的特色鸡尾酒。它是将金酒、味美思以及利口酒的口味混合后调制而成的。它是一种适合餐后饮用的鸡尾酒。

干金酒………………20毫升
干味美思……………20毫升
杏子白兰地…………10毫升
君度酒………………10毫升

将原材料倒入摇壶充分摇匀后，再倒入鸡尾酒杯中。

Green Alaska
绿色阿拉斯加

39度　辛口　摇和法

这是一款口感清爽、适合上流社会人们饮用的鸡尾酒。它是基于阿拉斯加酒（第59页）的配方制作出来的。

干金酒………………45毫升
沙特勒兹香草利口酒（绿色）
……………………… 15毫升

将原材料倒入摇壶充分摇匀后倒入鸡尾酒杯。

Clover Club
三叶草俱乐部

17度　中口　摇和法

这是一款极具代表性的俱乐部鸡尾酒（进餐时代替汤品的鸡尾酒）之一，它带有石榴糖浆的鲜艳色彩。这款酒品将甜味和酸味恰到好处地搭配在一起。

干金酒………………… 36毫升
酸橙汁(或柠檬汁) … 12毫升
石榴糖浆…………… 12毫升
蛋清……………………… 1个

将原材料充分摇匀后倒入大鸡尾酒杯或飞碟形香槟酒杯中。

Golden Screw
黄金螺丝钉

10度　中口　兑和法

这款鸡尾酒是将“螺丝刀（第98页）”配方中的基酒由伏特加换成金酒，然后又加入安哥斯特拉苦精酒后调制而成的。它有着果汁般的芳香，味道十分美味可口。

干金酒………………… 40毫升
柳橙汁……… 100 ~ 120毫升
安哥斯特拉苦精酒…… 1点
柳橙片…………………… 适量

将原材料倒入盛有冰块的古典式酒杯中并轻轻地调和，最后再装饰上柳橙片。

Golden Fizz
黄金菲士

12度　中口　摇和法

这款酒是由“金菲士”（第70页）演变而来的。加入蛋黄后，菲士酒变得更为浓厚醇香。这款酒的制作要点是将原材料混合后要进行充分的摇和。

干金酒………………… 45毫升
柠檬汁………………… 20毫升
糖浆……………… 1 ~ 2茶匙
蛋黄……………………… 1个
苏打水…………………… 适量

将苏打水之外的原材料充分摇匀后倒进平底大玻璃杯，然后加入冰块，再用冰凉的苏打水注满酒杯并轻轻地调和。

Zaza
莎莎

27度　中口　调和法

这是一款把金酒和带有香味的葡萄酒混合后调制而成的鸡尾酒。如果将配方中的安哥斯特拉苦精酒换成压榨过的柠檬皮，那么这款酒就变成了“杜宝内鸡尾酒”。

干金酒………………30毫升
杜宝内酒……………30毫升
安哥斯特拉苦精酒……1点

将原材料用混合杯调和后倒入鸡尾酒杯中。

Sapphirine Cool
蓝宝石酷乐

39度  
中口　摇和法

这款鸡尾酒在1990年爱德华威士忌鸡尾酒大赛上获得“自由作品组优胜奖”。它那蓝宝石般的美丽色泽令人难以忘怀。在饮用此款酒品之前请先挤入几滴柠檬皮汁。

干金酒………………25毫升
君度酒………………15毫升
葡萄味果汁…………15毫升
蓝橙皮酒…………约1毫升
柠檬皮………………适量

将原材料摇匀后倒入鸡尾酒杯，然后再装饰上柠檬皮。

James Bond Martini
詹姆斯·邦德马提尼

36度　辛口　摇和法

这款鸡尾酒是詹姆斯·邦德在电影《007》中最先调制的。它的特点是在干金酒中加入伏特加后进行摇和。配方中的莉兰开胃酒（酒味甘甜）也可以使用干味美思来代替。

干金酒………………40毫升
伏特加………………10毫升
莉兰开胃酒…………10毫升
柠檬皮………………适量

将原材料摇匀后倒入鸡尾酒杯，然后再装饰上柠檬皮。

City Coral

城市珊瑚

9度 中口 摇和法

这款酒是1984年举行的“日本鸡尾酒大赛”的优秀作品。它曾经作为日本的代表性鸡尾酒参加过“世界鸡尾酒大赛”。它的创作人是上田和男。那珊瑚风格的浅蓝色以及甜瓜利口酒的鲜绿不禁让人们联想到南部岛屿的珊瑚群。

干金酒……………………………………20毫升
绿(甜瓜利口酒)………………………20毫升
葡萄柚汁…………………………………20毫升
蓝柑桂酒…………………………………1茶匙
汤尼水……………………………………适量

将汤尼水之外的原材料摇匀后，倒入珊瑚风格(第229页)的盛有冰块的长笛形香槟酒杯中，然后用冰凉的汤尼水注满杯子并轻轻地调和。

Sliver Fizz

银菲士

12度 中口 摇和法

这款鸡尾酒是把“黄金菲士(见本书第64页)”配方中的蛋黄换成蛋清后制成的。由于原材料中有蛋清，因此需要进行充分地搅拌。它的特点是口味滑爽，淡淡的酸味中带着一股清甜。

干金酒……………………………………45毫升
柠檬汁……………………………………20毫升
糖浆…………………………………1～2茶匙
蛋清…………………………………………1个
苏打水……………………………………适量

将苏打水之外的原材料摇匀后，倒入平底大玻璃杯中，然后放入冰块，用冰凉的苏打水注满杯子并轻轻地调和。

Gin & Apple
金苹果

15度 中口 兑和法

这款鸡尾酒给人的感觉是融合了金酒和苹果汁的优点。它那特有的酒香中飘逸着水果的清甜，真是让人心旷神怡。该配方中的果汁也可以使用葡萄柚汁来代替。

干金酒…………30～45毫升
苹果汁…………………适量

将金酒倒入盛有冰块的酒杯中，然后用冰凉的苹果汁注满酒杯并轻轻地调和。

Gin & It
金和义

36度 中口 兑和法

这款酒是典型的、以马提尼酒为原型的鸡尾酒。虽然原来的配方中要求不冷却金酒和味美思，但是用混合杯搅拌同样美味可口。

干金酒………………30毫升
味美思（甜）………30毫升

在鸡尾酒杯中倒入等量的金酒和味美思。

Gin Cocktail
金酒鸡尾酒

40度 辛口 调和法

饮用这款酒精度数较高的鸡尾酒时，让人仿佛有种在直接喝金酒的感觉。制作这款酒品时，关键是将柳橙苦精酒和柠檬皮的香味极好地融合在一起。

干金酒………………60毫升
柳橙苦精酒……………2点
柠檬皮…………………适量

将原材料倒入摇壶内摇匀后倒入鸡尾酒杯中，然后再挤入几滴柠檬皮汁。

Gin Sour
金酸味鸡尾酒

24度　中口　摇和法

“sour”是“酸”的意思。用不同的基酒与之搭配，就会调制出不同的鸡尾酒。这款酒采用了口感好但略带酸味的柠檬汁作原材料。

干金酒………………45毫升
柠檬汁………………20毫升
糖浆…………………1茶匙
酒味樱桃、柠檬片……适量

将原材料充分摇匀后倒入鸡尾酒杯中，然后装饰上酒味樱桃和柠檬片。

Gin Sling
金司令

14度　中口　兑和法

这是一款充满古代风情的鸡尾酒。它在金酒中加入了味道甜美的苏打水。通常制作名中带有“司令”的鸡尾酒需要加入柠檬汁，但是这款酒品的配方中并没有这种原材料。

干金酒………………45毫升
砂糖…………………1茶匙
苏打水（或凉水）……适量

将金酒和砂糖倒入平底大玻璃杯后充分地搅拌，然后放入冰块，用冰凉的苏打水注满酒杯并轻轻地调和。

Gin Daisy
金戴兹

22度　中口　摇和法

这款长饮类型的鸡尾酒在色泽上呈现出极具透明感的淡淡的桃色，口味上带有翠绿薄荷叶的清凉口感。将基酒换成朗姆酒、威士忌或白兰地后再如法炮制，就会调制出不同口味的戴兹风格的鸡尾酒。

干金酒………………45毫升
柠檬汁………………20毫升
石榴糖浆……………2茶匙
柠檬片、薄荷叶………适量

将原材料摇匀后倒入盛有碎冰的鸡尾酒杯中，然后装饰上柠檬片和薄荷叶。

Gin & Tonic
金汤尼

14度 中口 兑和法

这款鸡尾酒洋溢着酸橙（或柠檬）的果香和汤尼（即奎宁）的微苦味。饮用后会让人感到十分畅快。最近有人把汤尼水和苏打水对半混合在一起调制成的“索尼克金酒”也大受欢迎。

干金酒……………… 45毫升
汤尼水…………………… 适量
酸橙块或柠檬块……… 适量

将金酒倒入盛有冰块的酒杯中，然后放入挤榨过的酸橙块（或柠檬块），最后用冰凉的苏打水注满酒杯并轻轻地调和。

Gin Buck
金霸克

14度 中口 兑和法

这款鸡尾酒是极具清凉口感的长饮，它用姜汁汽水来调兑金酒和柠檬汁。又名“伦敦霸克”。根据这款酒的配方我们还可以调制出朗姆霸克和白兰地霸克等鸡尾酒。

干金酒……………… 45毫升
柠檬汁……………… 20毫升
姜汁汽水………………… 适量
柠檬片…………………… 适量

将金酒和柠檬汁倒入盛有冰块的平底大玻璃杯中，然后用冰凉的姜汁汽水注满酒杯并轻轻地调和，最后再装饰上柠檬片。

Gin & Bitters
苦味金酒

40度 辛口 兑和法

这是一款融合了金酒和安哥斯特拉苦精酒的辛口鸡尾酒。也有配方要求将冰凉的金酒倒入润湿过的雪利杯中。

干金酒……………… 60毫升
安哥斯特拉苦精酒
………………………… 2～3点

将安哥斯特拉苦精酒注入古典式酒杯中，然后慢慢地旋转酒杯使其内壁润湿（第229页）并将多余的苦精酒倒掉。然后放入冰块倒入金酒并轻轻地调和。

Gin Fizz
金菲士

14度　中口　摇和法

这款鸡尾酒是菲士风格(第232页)“长饮”的代表性作品。柠檬那淡淡的酸味使得金酒的酒香更加醇厚。这是一款口感颇佳的鸡尾酒。饮用这款酒品时可以根据个人喜好调整它的甜度。

干金酒………………45毫升
柠檬汁………………20毫升
糖浆………………1～2茶匙
苏打水…………………适量
柠檬块、酒味樱桃……适量

将苏打水之外的原材料摇匀后倒入盛有冰块的酒杯中，然后用冰凉的苏打水注满酒杯并轻轻地搅拌，最后您可以根据个人的爱好装饰上柠檬块或酒味樱桃。

Gin Fix
金费克斯

28度　中口　兑和法

“费克斯”是指加入柳橘系列的果汁和甜味（或利口酒）酸味鸡尾酒系列的长饮。这款饮品那浓郁的酒香中还带有水果的微酸和清甜，它实在是一款清爽可口的鸡尾酒。

干金酒………………45毫升
柠檬汁………………20毫升
糖浆…………………2茶匙
酸橙片（或柠檬片）…适量

将原材料倒入酒杯中混合后，然后再倒入碎冰并轻轻地搅拌，最后再装饰上酸橙片（或柠檬片）并放入吸管。

Gin & Lime
酸橙金酒

30度　中口　兑和法

这款鸡尾酒是将“占列酒（第63页）”调制成洛克风格后的一款饮品。在制作这款酒品时，如果使用榨出的新鲜柳橙汁等不带甜味的酸橙汁，那么可以在酒杯中放入少量的糖浆加以调节甜度。

干金酒………………45毫升
酸橙汁（加糖）……15毫升

将干金酒和酸橙汁一起倒入盛有冰块的古典式酒杯中然后轻轻地搅拌。

Gin Rickey
金瑞基

14度 辛口 兑和法

将鲜酸橙榨汁加入金酒与苏打水就调制出了这款辛口的长饮。特点是酸味浓烈。也可用搅拌匙将酸橙压碎，根据喜好调整酸味。

干金酒……………… 45毫升
鲜酸橙………………… 1/2个
苏打水………………… 适量

将压榨过的鲜酸橙连果皮带果肉一起放入冰酒杯中，然后加进冰块，倒入干金酒，再用冰凉的苏打水注满杯子并放入吸管。

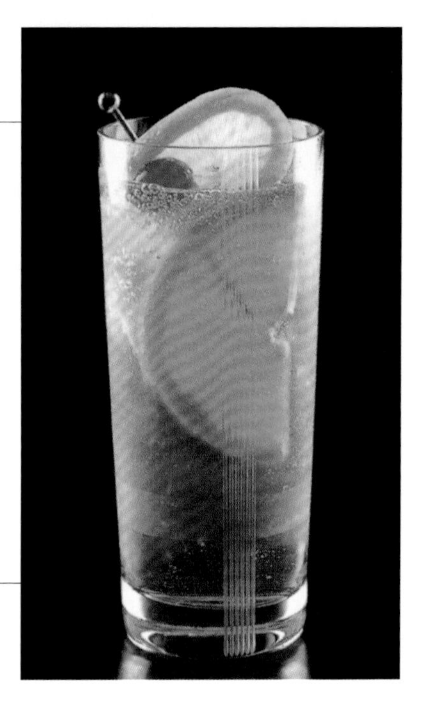

Singapore Sling
新加坡司令

17度 中口 摇和法

这款鸡尾酒是在1915年新加坡的莱佛士酒店创出名声的。它把金酒的清爽口感和雪利白兰地的浓香完美地结合在一起，它是一款世界性的名酒。

干金酒……………… 45毫升
雪利白兰地………… 20毫升
柠檬汁……………… 20毫升
苏打水………………… 适量
柠檬片、柳橙片、酒味樱桃
……………………………… 适量

将苏打水之外的原材料摇匀后倒入盛有冰块的酒杯中，再用冰凉的苏打水注满杯子并轻轻地搅拌。最后您再根据个人的喜好装饰上柳橙片和酒味樱桃等。

Strawberry Martini
草莓马提尼

25度 中口 摇和法

饮用这款鸡尾酒时，您可以感受到草莓的清甜和芳香。如果您觉得甜味已经足够的话，也可以不放糖浆。在制作这种类型的鸡尾酒时，您还可以使用凤梨、哈密瓜、桃子等。

干金酒……………… 45毫升
鲜草莓……………… 3～4个
糖浆…………… 1/2～1茶匙

将草莓切成小块与其他原材料一起摇匀后，倒入大鸡尾酒杯中。然后拿掉摇酒壶的过滤网，把摇酒壶中残留的果肉也一起倒入酒杯中。

Spring Opera

春天的歌剧

32度 中口 摇和法

这款鸡尾酒是三谷裕在1999年的例行鸡尾酒大赛上展出的优秀作品。它融合了多种利口酒和果汁的优点，口味清爽甘甜。您饮用这款酒品时还会联想到春天盛开的樱花。

干金酒（碧菲达金酒）……………………40毫升
樱花酒……………………………………10毫升
桃味利口酒………………………………10毫升
柠檬汁……………………………………1茶匙
柳橙汁……………………………………2茶匙
绿樱桃……………………………………适量

将柳橙汁以外的原材料摇匀后倒入鸡尾酒杯中，然后让柳橙汁缓慢地沉淀下来。最后装饰上用鸡尾酒饰针穿的绿樱桃。

Spring Feeling

春天的感觉

32度 中口 摇和法

这是一款将干金酒和荨麻酒混合后兑成的鸡尾酒。其中荨麻酒属于从中世纪流传至今的香草系列利口酒。饮用这款酒会让人感到春天的温暖，而且它把酸味和甜味也恰到好处地调配在了一起。

干金酒……………………………………30毫升
荨麻酒（黄色）……………………………15毫升
柠檬汁……………………………………15毫升

将原材料摇匀后倒入鸡尾酒杯中。

Smoky Martini

烟熏马提尼

40度　辛口　调和法

这款鸡尾酒是“马提尼”（第83页）鸡尾酒的变异饮品之一。把配方中的苦精酒换成麦芽威士忌，酒精度数会变得更高，还能品出烟熏的味道。

干金酒…………………50毫升
麦芽威士忌酒………10毫升
柠檬皮…………………适量

把原材料用混合杯搅拌后倒入鸡尾酒杯中，然后拧入几滴柠檬皮汁。

Seventh Heaven

七重天

38度　中口　摇和法

“Seventh Heaven”是指伊斯兰教中地位最高的天使所居住的地方，即七重天。这款酒把金酒和黑樱桃酒（樱桃利口酒）的风味极好地结合在一起。

金酒…………………48毫升
黑樱桃酒……………12毫升
葡萄柚汁……………1茶匙
绿樱桃…………………适量

将原材料摇匀后倒入鸡尾酒杯中，然后让绿樱桃沉淀下来。

Tanqueray Forest

添加利森林

16度　中口　摇和法

在1993年日本HBA与JWS公司共同举办的鸡尾酒大赛上,此酒荣获添加利系列组优胜奖,作者为犬养正。这款酒中哈密瓜和葡萄那隐约的果香堪称一绝。

干金酒（添加利）… 20毫升
甜瓜利口酒…………10毫升
葡萄柚汁……………25毫升
柠檬汁…………………5毫升
安哥斯特拉苦精酒……1点
薄荷叶…………………适量

将原材料摇匀后倒入鸡尾酒杯，然后再装饰上薄荷叶。

Tango
探戈酒

27度 中口 摇和法

这款酒将金酒和味美思的风味极好地融合在一起，它那酒香中飘溢着柠檬的微酸味以及水果所具有的自然清香，十分美味可口。

干金酒……………… 24毫升
干味美思…………… 12毫升
味美思（甜）……… 12毫升
柳橙柑桂酒………… 12毫升
柳橙汁……………… 2点

将原材料摇匀后倒入鸡尾酒杯中。

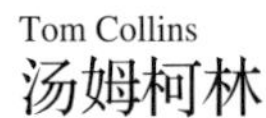

Texas Fizz
得克萨斯菲士

14度 中口 摇和法

这款鸡尾酒是“金菲士（第70页）”的变异饮品之一，它用柳橙汁代替柠檬汁之后口味变得十分柔和。您还可以根据个人口味调整甜度。

干金酒……………… 45毫升
柳橙汁……………… 20毫升
砂糖（或是糖浆）
…………………… 1～2茶匙
苏打水……………… 适量
酸橙片、绿樱桃…… 各适量

将苏打水以外的原材料摇匀后，倒入盛有冰块的酒杯中，然后用冰凉的苏打水将酒杯注满，并轻轻地搅拌。您可以根据个人的喜好装饰上酸橙片和绿樱桃。

Tom Collins
汤姆柯林

16度 中口 摇和法

这款酒曾在19世纪初期极为盛行，由于它是用荷兰产的干金酒作基酒的，所以得此名。这款鸡尾酒口感爽快、十分美味可口。

干金酒……………… 45毫升
柠檬汁……………… 20毫升
糖浆……………… 1～2茶匙
苏打水……………… 适量
酸橙片、酒味樱桃… 各适量

将苏打水以外的原材料摇匀后，倒入盛有冰块的柯林杯中，然后用冰凉的苏打水将酒杯注满，并轻轻地搅拌。您可以根据个人的喜好装饰上酸橙片和酒味樱桃。

Nicky's Fizz
尼基菲士

10度 中口 摇和法

这款鸡尾酒是由“金菲士（第70页）”演变而来的。把柠檬汁换成了葡萄柚汁，这款鸡尾酒的口味变得更加清爽甘甜。

干金酒……………… 30毫升
葡萄柚汁…………… 30毫升
糖浆………………… 1茶匙
苏打水……………… 适量
柠檬片……………… 适量

将苏打水以外的原材料摇匀后，倒入盛有冰块的酒杯中，然后用冰凉的苏打水将酒杯注满，并轻轻地搅拌。您可以根据个人的喜好装饰上柠檬片。

Ninja Turtle
忍者神龟

14度 中口 兑和法

这款鸡尾酒最早出现在1990年上演的动画片《忍者神龟》中，它是由美国调酒师制作的。蓝柑桂酒和柳橙汁的组合制造出了鲜艳的绿色。

干金酒（碧菲达金酒）
……………………… 45毫升
蓝柑桂酒…………… 15毫升
柳橙汁……………… 适量
柠檬片……………… 适量

将原材料倒入盛有冰块的酒杯中并轻轻地搅拌，然后装饰上柠檬片。

Negroni
尼格罗尼

25度 中口 兑和法

这款酒曾经深受意大利卡米洛尼格罗尼伯爵的喜爱，1962年在征得伯爵允许后这款鸡尾酒正式以他的名字来命名。这款鸡尾酒将金酒、肯巴利酒和味美思绝妙地组合在一起。

干金酒……………… 30毫升
肯巴利酒…………… 30毫升
甜味美思…………… 30毫升
柳橙片……………… 适量

将原材料倒入盛有冰块的古典式酒杯中并轻轻地搅拌，然后装饰上柠檬片。

Knock-out
击倒

30度 辛口 摇和法

这是一款将金酒、味美思以及贝合诺酒混合后调制而成的辛口鸡尾酒。它稍带薄荷清香，其酒精度数并不像它的名字那样浓烈。

金酒…………………… 20毫升
味美思………………… 20毫升
贝合诺酒……………… 20毫升
白薄荷酒……………… 1茶匙

将原材料摇匀后，倒入鸡尾酒杯中。

Bartender
调酒师

22度 中口 调和法

“bartender”这个词原意是酒店管理者。这款鸡尾酒将金酒和三款葡萄酒融合在一起，它是作餐前酒加以饮用的。其特点是口味丰富多样。

干金酒………………… 15毫升
干雪利酒……………… 15毫升
干味美思……………… 15毫升
杜宝内酒……………… 15毫升
格林曼聂酒…………… 1茶匙

将原材料用混合杯搅拌后倒入鸡尾酒杯中。

Bermuda Rose
百慕大玫瑰

35度 中口 摇和法

这款鸡尾酒将酸甜可口的杏子白兰地与金酒相融合在一起，它经过石榴糖浆的着色处理后，口味变得柔润爽滑，并且还散发杏子白兰地的芳香。

干金酒………………… 40毫升
杏子白兰地…………… 20毫升
石榴糖浆……………… 2点

将原材料摇匀后倒入鸡尾酒杯。

Paradise
天堂

25度　中口　摇和法

这款果味鸡尾酒给人一种明朗轻快的乐园感觉，其酒液呈淡黄色。它把杏子白兰地和柳橙汁完美地搭配在一起。

干金酒………………30毫升
杏子白兰地…………15毫升
柳橙汁………………15毫升

将原材料摇匀后倒入鸡尾酒杯。

Parisian
巴黎人

24度　中口　摇和法

这款鸡尾酒给人的感觉就像是巴黎人那样洒脱。这款酒品将法国产的代表性利口酒——黑醋栗利口酒与干味美思搭配在一起，使得口味独特高雅。

干金酒………………20毫升
干味美思……………20毫升
黑醋栗利口酒………20毫升

将原材料摇匀后倒入鸡尾酒杯内。

Hawaiian
夏威夷人

20度　中口　摇和法

这是一款能够让人们体会到夏威夷风情的柳橙味鸡尾酒。它以柳橙柑桂酒的浓郁芳香向人们展示了热带所特有的迷人风情。

干金酒………………30毫升
柳橙汁………………30毫升
柳橙柑桂酒…………1茶匙

将原材料摇匀后倒入鸡尾酒杯内。

Bijou
宝石

33度　中口　调和法

“bijou”这个词是宝石的意思。这款鸡尾酒融合了味美思和荨麻酒后，呈现出金黄色，并且樱桃宛如宝石般沉入杯底。这款酒品饮用起来略带甜味，属于中口鸡尾酒。

干金酒………………… 20毫升
甜味美思……………… 20毫升
荨麻酒（黄色）…… 20毫升
柳橙苦精酒…………… 1点
酒味樱桃、柠檬皮… 各适量

将原材料用混合杯搅拌后，倒入鸡尾酒杯中。然后装饰上鸡尾酒饰针穿的酒味樱桃，最后拧入几滴柠檬皮汁。

Pure Love
纯洁的爱情

5度　中口　摇和法

日本人上田和男在1980年的ANBA鸡尾酒大赛上第一次参赛就获了奖。为了纪念这件事他特意制作了这款鸡尾酒。这款鸡尾酒中那酸中带甜的感觉让人们不禁想起自己的初恋。

干金酒………………… 30毫升
木莓利口酒………… 15毫升
酸橙汁……………… 15毫升
姜汁汽水…………… 适量
酸橙片……………… 适量

将姜汁汽水以外的原材料充分摇匀后，倒入平底大玻璃杯中，然后倒入冰块，再用冰凉的苏打水将酒杯注满，并轻轻地搅拌，最后装饰上酸橙片。

Beauty Spot
美人痣

26度　中口　摇和法

“Beauty spot”原意是指女性脸上长的痣。这是一款中口鸡尾酒，它把金酒和味美思混合后，又用柳橙汁和石榴糖浆来调节口味，属中口鸡尾酒。

干金酒………………… 30毫升
干味美思……………… 15毫升
甜味美思……………… 15毫升
柳橙汁……………… 1茶匙
石榴糖浆……………1/2茶匙

将石榴糖浆以外的原材料充分摇匀后，倒入鸡尾酒杯中，然后让石榴糖浆缓慢地沉淀下来。

Pink Gin
粉红金酒

40度　辛口　调和法

在这款鸡尾酒的配方中金酒所占比重较大，因此它的酒精度数很高。如果把配方中的安哥斯特拉苦精酒换成柳橙苦精酒的话，那么这款酒就会变成“黄色金酒”。

干金酒………………60毫升
安哥斯特拉苦精酒…2～3点

将原材料用混合杯搅拌后，倒入鸡尾酒杯中。

Pink Lady
红粉佳人

20度　中口　摇和法

这款鸡尾酒是为了纪念1912年在伦敦盛行一时的“红粉佳人”而创制的。石榴糖浆的甜美柔和地包裹着金酒的浓郁酒香。

干金酒………………45毫升
石榴糖浆……………20毫升
柳橙汁………………1茶匙
蛋清…………………1个

将原材料充分摇匀后倒入大鸡尾酒杯中。

Bloody Sam
血萨姆

12度　辛口　兑和法

这款鸡尾酒是由“血腥玛丽（第103页）”演变而来的，它是将配方中的伏特加换成了金酒。您还可以根据个人的口味添加盐、胡椒粉、辣酱等配料。

干金酒………………45毫升
西红柿汁……………适量
柠檬块………………适量

将伏特加倒入盛有冰块的酒杯中，然后用西红柿汁注满酒杯，并轻轻地搅拌，最后装饰上柠檬块。

Princess Mary
玛丽公主

20度　甘口　摇和法

这款鸡尾酒是基酒之白兰地部分出现的“亚历山大（第168页）”的变异之一。这款酒品中飘溢着奶油的甘甜和芳香，它适合作为餐后酒饮用。

干金酒………………20毫升
可可味利口酒………20毫升
鲜奶油………………20毫升

将原材料充分摇匀后倒入鸡尾酒杯。

Blue Moon
蓝月亮

30度　中口　摇和法

在这款鸡尾酒的名字中虽然有“蓝”字，但实际上酒液却呈现迷人的淡紫色。紫罗兰的幽香营造出一种浪漫的氛围。有人甚至称之为“能够饮用的香水”。

干金酒………………30毫升
紫罗兰利口酒………15毫升
柠檬汁………………15毫升

将原材料摇匀后倒入鸡尾酒杯。

Bulldog Highball
牛头犬

14度　中口　兑和法

这款鸡尾酒的特点是它以金酒为基酒，并能将柳橙汁和姜汁汽水完全融合在一起。甜度可以控制，老少皆宜。

干金酒………………45毫升
柳橙汁………………30毫升
姜汁汽水……………适量

将干金酒和柳橙汁倒入盛有冰块的酒杯中，然后用冰凉的姜汁汽水将酒杯注满，并轻轻地搅拌。

French75
法国75号

18度　中口　摇和法

这款鸡尾酒在第一次世界大战期间诞生于巴黎。它是用当时法国军队的一种75mm口径的大炮名字来命名的。如果把基酒换成波旁酒，则变成了“法国95号”，换成白兰地就变成了“法国25号”。

干金酒……………… 45毫升
柠檬汁……………… 20毫升
砂糖………………… 1茶匙
香槟酒……………… 适量

将香槟酒以外的原材料摇匀后，倒入盛有冰块的酒杯中，然后用冰凉的香槟酒将酒杯注满，并轻轻地搅拌。

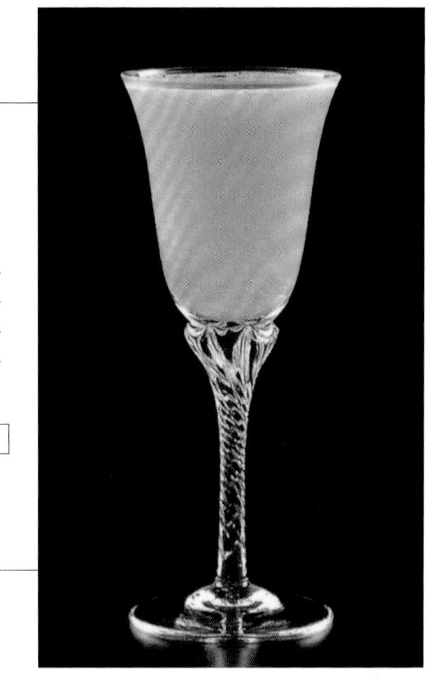

Bronx
布朗克斯

25度　中口　摇和法

布朗克斯原本是纽约市的一个自治区的名字。这款鸡尾酒将干甜两种味美思的深邃口味与淡淡的柳橙芳香绝妙地融合在一起。

干金酒……………… 30毫升
干味美思…………… 10毫升
甜味美思…………… 10毫升
柳橙汁……………… 10毫升

将原材料摇匀后倒入鸡尾酒杯中。

Honolulu
檀香山

35度　中口　摇和法

这是一款将三种果汁与金酒混合后调制而成的、富有热带风情的鸡尾酒。其中安哥斯特拉苦精酒的香气起到画龙点睛的作用。

干金酒……………… 60毫升
柳橙汁……………… 1茶匙
凤梨汁……………… 1茶匙
柠檬汁……………… 1茶匙
糖浆………………… 1茶匙
安哥斯特拉苦精酒…… 1点
凤梨块、酒味樱桃…… 适量

将原材料摇匀后倒入大鸡尾酒杯中，然后装饰上凤梨块和酒味樱桃。

White Wings
白色翅膀

32度　中口　摇和法

这款鸡尾酒又名“史丁格金酒”。它将“史丁格（第173页）”鸡尾酒中的基酒由白兰地变为金酒。这种酒品中薄荷的清凉口感更加衬托了金酒的浓烈口味。

干金酒………………… 40毫升
白薄荷酒……………… 20毫升

将原材料摇匀后倒入鸡尾酒杯中。

White Lity
白色莉莉

35度　中口　调和法

见到这款鸡尾酒会让人联想到纯白色的百合花。虽然它的名字听起来很温柔，但由于加入了朗姆酒和贝合诺酒，所以它的口感十分浓烈。并且这款酒品还带有白柑桂酒的绝妙风味。

干金酒………………… 20毫升
白朗姆酒……………… 20毫升
白柑桂酒……………… 20毫升
贝合诺酒………………… 1点

将原材料用混合杯搅拌后倒入鸡尾酒杯中。

White Lady
白色丽人

29度　中口　摇和法

这款名为“白色丽人”的鸡尾酒因其酒香中略带果酸而深受人们的喜爱。这款酒品带有君度酒（白柑桂酒中的极品）所特有的凝练酒香和余味。

干金酒………………… 30毫升
君度酒………………… 15毫升
柠檬汁………………… 15毫升

将原材料摇匀后倒入鸡尾酒杯内。

White Rose
白色玫瑰

20度 中口 摇和法

这款鸡尾酒是将柑橘系列果汁与黑樱桃酒混合后制作而成的。它口味适中，很受欢迎。由于要求放入大量的蛋清，所以调制时要充分搅拌。

干金酒……………… 45毫升
黑樱桃酒…………… 15毫升
柳橙汁……………… 15毫升
柠檬汁……………… 15毫升
蛋清…………………… 1个

将原材料充分地摇匀后倒入大鸡尾酒杯中。

Magnolia Blossom
玉兰花

20度 中口 摇和法

“玉兰花”指的是“泰山木之花”。这款鸡尾酒甜度适中、极具鲜奶油香味，特别适合女性饮用。在色泽上，石榴糖浆使这款酒品呈现淡淡的粉红色。

干金酒……………… 30毫升
柠檬汁……………… 15毫升
鲜奶油……………… 15毫升
石榴糖浆……………… 1点

将原材料充分摇匀后倒入鸡尾酒杯中。

Martini
马提尼

34度 辛口 摇和法

这款酒品被誉为“世界鸡尾酒之王”，它是一种深受人们喜爱的辛口鸡尾酒。随着金酒和味美思搭配比例的改变，它的口味也会随之产生变化。

干金酒……………… 45毫升
干味美思…………… 15毫升
柠檬皮、橄榄……… 各适量

将原材料用混合杯搅拌后倒入鸡尾酒杯中，并拧入几滴柠檬皮汁。您可以根据个人的喜好装饰上鸡尾酒饰针穿的橄榄。

Martini（sweet）
马提尼（甜）

32度　中口　调和法

在“马提尼（第83页）”多款变异饮品中，这款鸡尾酒属于甜口类型的。由于在配方中使用了甜味美思，所以它呈现出美丽透明的褐色。

干金酒………………40毫升
甜味美思……………20毫升
酒味樱桃……………… 适量

将原材料用混合杯搅拌后倒入鸡尾酒杯中。您可以根据个人的喜好装饰上酒味樱桃。

Martini（Dry）
马提尼（干）

35度　辛口　调和法

这款鸡尾酒是“马提尼（第83页）”的变异品种之一。因为大文豪厄内斯特·米勒·海明威非常喜欢这款饮品，所以它十分有名，经常出现在海明威的作品中。

干金酒………………48毫升
干味美思……………12毫升
柠檬皮、橄榄………… 适量

将原材料用混合杯搅拌后倒入鸡尾酒杯中，并拧入几滴柠檬皮汁。您可以根据个人的喜好装饰上橄榄。

Martini（Medium）
马提尼（中性）

30度　中口　调和法

这款鸡尾酒是用干甜两种味美思调制的，又名“完美型马提尼”。这款酒品比起马提尼（干）更清香适口。

干金酒………………40毫升
干味美思……………10毫升
甜味美思……………10毫升
橄榄……………………… 适量

将原材料用混合杯搅拌后倒入鸡尾酒杯中。您可以根据个人的喜好装饰上鸡尾酒饰针穿的橄榄。

Martini On The Rocks
马提尼洛克

35度　辛口　调和法

这款鸡尾酒是将“马提尼（第83页）”进行洛克风格处理后的饮品，它更容易饮用。另外，可以不用混合杯搅拌原材料，而直接把它们倒入鸡尾酒杯后再搅拌。

干金酒……………… 45毫升
干味美思…………… 15毫升
橄榄、柠檬皮……… 各适量

将原材料用混合杯搅拌后倒入盛有冰块的古典式酒杯中，并拧入几滴柠檬皮汁。您可以根据个人的喜好装饰上鸡尾酒饰针穿的橄榄。

Marionett
人偶

22度　中口　摇和法

这款酒品是日本人渡边一也在第14届HBA鸡尾酒创作大赛的半决赛上所展出的作品。“Marionette”这个词本意是“牵线木偶”。那充满个性的杏仁利口酒使得本款饮品口感清凉。

干金酒……………… 20毫升
意大利甜香酒……… 10毫升
葡萄柚汁…………… 30毫升
石榴糖浆…………… 1茶匙
柳橙皮……………… 适量

将原材料摇匀后倒入鸡尾酒杯中，拧几滴柳橙皮汁（第229页）。

Million Dollar
百万美元

18度　中口　摇和法

这款鸡尾酒虽然名为“百万美元”，却原产于日本。酒香中飘溢着味美思和凤梨的清甜、幽香。在正式的配方中，要求在酒杯的边缘装饰上凤梨。

干金酒……………… 45毫升
甜味美思…………… 15毫升
凤梨汁……………… 15毫升
石榴糖浆…………… 1茶匙
蛋清………………… 1个

将原材料充分摇匀后倒入大鸡尾酒杯中。

Merry Widow

快乐的寡妇

25度　辛口　调和法

这款鸡尾酒是用喜剧类歌剧《快乐的寡妇》来命名的。它是将金酒和味美思以及三种香草系列利口酒混合后调制而成的，属于辛口酒。另外，还有多种名字相同但配方不同的鸡尾酒。

干金酒………………30毫升
干味美思……………30毫升
甜露酒…………………1点
贝合诺酒………………1点
安哥斯特拉苦精酒……1点
柠檬皮…………………适量

将原材料用混合杯搅拌后倒入鸡尾酒杯中，并拧入几滴柠檬皮汁。

Melon Special

特别甜瓜

24度　中口　摇和法

这款酒是1966年日本调酒师协会举办的鸡尾酒大赛上出现的优秀作品。它的创制人是图师健一。配方里使用了甜瓜利口酒和酸橙汁。表现出了甜瓜的味道与色泽。

干金酒（碧菲达金酒）
………………………30毫升
甜瓜利口酒…………15毫升
酸橙汁………………15毫升
柳橙苦精酒………约1毫升
绿樱桃、柠檬皮……各适量

将原材料摇匀后倒入鸡尾酒杯中，然后让绿樱桃沉淀下来，最后拧入几滴柠檬皮汁。

Yokohama

横滨

18度　中口　摇和法

这款鸡尾酒是用“横滨”这一日本城市的名字来命名的。这款酒品历史悠久，是典型的日本产鸡尾酒。其创制人和发明时间不详。由于在金酒、伏特加的酒香中还带有柳橙汁和石榴糖浆的口味，所以整个酒品口感清爽滑润。

干金酒………………20毫升
伏特加………………10毫升
柳橙汁………………20毫升
石榴糖浆……………10毫升
贝合诺酒…………约1毫升

将原材料摇匀后倒入鸡尾酒杯中。

Lady 80
佳人80

26度 甘口 摇和法

这款酒品是1980举行的“HBA创作鸡尾酒大赛”上的冠军作品。它的创制人是池田勇治。这是一种带有杏仁和凤梨果香的鸡尾酒，它味道微酸。

干金酒………………30毫升
杏子白兰地…………15毫升
凤梨汁………………15毫升
石榴糖浆……………2茶匙

将原材料摇匀后倒入鸡尾酒杯中。

Royal Fizz
皇家菲士

12度 中口 摇和法

这款鸡尾酒中放入了一个鸡蛋，极具营养价值，它清香适口、口感清爽。这款饮品的制作要点是要将原材料充分搅拌均匀，以便使其完全融合。

干金酒………………45毫升
柠檬汁………………15毫升
糖浆…………………2茶匙
鸡蛋（小）……………1个
苏打水………………适量

将苏打水以外的原材料充分摇匀后，倒入盛有冰块的酒杯中，然后用冰凉的苏打水将酒杯注满，并轻轻地搅拌。

Long Island Iced Tea
长岛冰茶

19度 中口 兑和法

这款鸡尾酒虽然不是红茶却带有红茶的滋味。它于1980年诞生于美国西海岸。由于配方中加了4种烈酒，所以酒精度数较高。

干金酒………………15毫升
伏特加………………15毫升
白朗姆酒……………15毫升
特基拉酒……………15毫升
白柑桂酒……………2茶匙
柠檬汁………………30毫升
糖浆…………………1茶匙
可乐…………………40毫升

将可乐以外的原材料倒入盛有碎冰的酒杯中，然后用冰凉的可乐注满酒杯，并轻轻地搅拌。最后可以根据个人喜好装饰上酸橙或柠檬片及酒味樱桃等。

基酒之伏特加

Vodka Base Cocktails

伏特加的最大特点是无色无味、口味醇正。以伏特加作基酒调制的鸡尾酒，其酒香多来自与之搭配的原材料。

Angelo
安吉洛

12度　中口　摇和法

这款鸡尾酒是将两种果汁与加里安诺酒、南方安逸酒两种利口酒混合后调制而成的。它口味甘甜醇香，老少皆宜。

伏特加……………………………………30毫升
加里安诺酒…………………………………10毫升
南方安逸酒（第52页）…………………10毫升
柳橙汁………………………………………45毫升
凤梨汁………………………………………45毫升

把原材料摇匀后倒入大号鸡尾酒杯内。也可以在里面放些冰块。

East Wing
东方之翼

22度　中口　摇和法

这款鸡尾酒融合了雪利白兰地的芳香和肯巴利酒的微苦味，而且还飘逸着一股淡淡的果酸味。

伏特加……………… 40毫升
雪利白兰地………… 15毫升
肯巴利酒…………… 5毫升

将原材料倒入摇壶中摇匀后注入鸡尾酒杯。

Impression
印象

27度　中口　摇和法

这款酒品是东京空运宾馆的特色鸡尾酒。它的口感犹如混合果汁般甘甜味美。

伏特加……………… 20毫升
桃味利口酒………… 10毫升
杏子白兰地………… 10毫升
苹果汁……………… 20毫升

将原材料倒入摇壶中摇匀后注入鸡尾酒杯。

Vahine
姑娘

20度　中口　摇和法

“Vahine”这个词是塔希提岛语“姑娘”的意思。这款鸡尾酒是在“奇奇（第99页）”的基础上加入雪利白兰地后兑成的。它色泽鲜亮，深受人们的欢迎，属于热带风情饮品。

伏特加……………… 30毫升
雪利白兰地………… 45毫升
凤梨汁……………… 60毫升
柠檬汁……………… 10毫升
椰汁………………… 20毫升
凤梨块……………… 适量

将原材料摇匀后倒入盛有冰块酒杯中，然后再装饰上凤梨块。

Vodka Ice-Berg
伏特加冰山

38度　辛口　兑和法

“icebag”是冰山的意思。在这款鸡尾酒中，贝合诺酒只是用来增添酒香的，由于伏特加酒所占比重较大，因此它的酒精度数较高。

伏特加………………60毫升
贝合诺酒………………1点

将原材料摇匀后倒入盛有大冰块的古典式酒杯中，然后轻轻地搅拌。

Vodka & Apple
伏特加苹果

15度　中口　兑和法

这款鸡尾酒实际上只是把“螺丝刀（第98页）”配方中的柳橙汁换成苹果汁。这款酒品中苹果汁酸甜可口，老少皆宜。

伏特加…………30～45毫升
苹果汁…………………适量
酸橙片…………………适量

将原材料倒入盛有冰块的酒杯中，然后轻轻地搅拌,最后再装饰上酸橙片。

Vodka & Midori
伏特加绿酒

30度　甘口　兑和法

从这款酒中我们可以体味到以莫斯科甜瓜为原料的甜瓜利口酒——“绿酒”的清香。酒杯中那鲜亮的色彩，十分迷人。

伏特加………………45毫升
绿（甜瓜利口酒）…15毫升

将原材料倒入盛有冰块的古典式酒杯中，然后轻轻地搅拌。

Vodka Gibson

伏特加吉普森

30度 辛口 调和法

这款鸡尾酒是由“马提尼（第83页）”演变而来的。它与基酒之金酒部分的“吉普森（第62页）”一样都是诞生于美国的辛口鸡尾酒。

伏特加……………… 50毫升
干味美思…………… 10毫升
珍珠圆葱……………… 适量

将原材料倒入摇壶中摇匀后注入鸡尾酒杯内，然后再装饰上鸡尾酒饰针穿过的珍珠圆葱。

Vodka Gimlet

伏特加钻头

30度 中口 摇和法

这款鸡尾酒是“占列酒（第63页）”的伏特加版，它的配方中要求使用不加糖的酸橙汁，但也可以用其他的糖浆来调节甜度。

伏特加……………… 45毫升
酸橙汁……………… 15毫升
糖浆………………… 1茶匙

将原材料摇匀后倒入鸡尾酒杯。

Vodka & Soda

伏特加苏打水

14度 辛口 兑和法

这款鸡尾酒是将无色的伏特加与苏打水混合后调制而成的。它酒香醇正，最为润喉。

伏特加……………… 45毫升
苏打水………………… 适量
柠檬片………………… 适量

将伏特加倒入盛有冰块的酒杯中，然后用冰凉的苏打水将酒杯注满，并轻轻地搅拌，最后您可以根据个人的爱好装饰上柠檬片。

Vodka & Tonic
伏特加汤尼

14度 中口 兑和法

这款鸡尾酒是“金汤尼（第69页）”的伏特加版。由于在配方中使用了口味醇正的伏特加，所以加入汤尼水之后该酒品变得更加美味可口。

伏特加………………45毫升
汤尼水…………………适量
柠檬片…………………适量

将伏特加倒入盛有冰块的酒杯中，然后用冰凉的汤尼水将酒杯注满，并轻轻地搅拌，最后您可以根据个人的爱好装饰上柠檬片。

Vodka & Martini
伏特加马提尼

31度 辛口 调和法

这款鸡尾酒是把“马提尼（第83页）”配方中的金酒换成伏特加后调制而成的。它还有个别名叫“袋鼠”。这款酒品比用金酒作基酒的“马提尼”鸡尾酒更加滑润可口。

伏特加………………45毫升
干味美思……………15毫升
橄榄、柠檬皮………各适量

将调和好的原材料倒入鸡尾酒杯中，然后拧入几滴柠檬皮汁。您还可以根据个人喜好装饰上用鸡尾酒饰针穿的橄榄。

Vodka & Lime
伏特加酸橙

30度 中口 兑和法

这款鸡尾酒是“酸橙金酒”的伏特加版。它比用金酒作基酒时口感更加清爽滑润。这种酒一般使用不加糖的酸橙汁作原材料，但也可以加些糖浆来调节口味。

伏特加………………45毫升
酸橙汁(加糖) ………15毫升

将原材料倒入盛有冰块的酒杯中，然后轻轻地搅拌。

Vodka Rickey

伏特加瑞基

14度　辛口　兑和法

这款酒是在“伏特加苏打水（第91页）”的基础上加入新鲜的酸橙汁调制而成的。在用搅拌匙搅碎酸橙的时候，可以根据口味自行调整。

伏特加………………45毫升
鲜酸橙…………………1/2个
苏打水…………………适量

将酸橙扭拧后连果皮带果肉一起放入酒杯中，然后加入冰块，倒入伏特加，最后用冰凉的苏打水注满酒杯，并放入搅拌匙。

Caiprosca

卡匹洛斯卡

28度　中口　兑和法

这款鸡尾酒是把“乡村姑娘（第123页）”中的基酒换成伏特加调制而成的。它的制作要点是要提前将酸橙榨碎准备好。

伏特加…………30～45毫升
鲜酸橙……………1/2～1个
砂糖(糖浆) ………1～2茶匙

将酸橙切成小块后放入酒杯中，加入砂糖，再将其搅碎。然后放入碎冰倒入伏特加并轻轻地搅拌，最后放入搅拌匙。

Kami-kaze

神风

27度　辛口　摇和法

这款鸡尾酒是用原日本海军神风特战队的名字来命名的。这款酒品在伏特加中融入了白柑桂酒的芳香和酸橙汁的微酸。

伏特加………………45毫升
白柑桂酒……………1茶匙
酸橙汁………………15毫升

将原材料摇和后倒入盛有冰块的古典式酒杯中。

Gulf Stream
墨西哥湾流

19度　中口　摇和法

“Gulf stream”指的是墨西哥湾的海流，这款鸡尾酒不禁让人联想起那美丽的加勒比海。这款酒品把桃味利口酒的甘甜口味和果汁的清爽口感完美地结合在一起。

伏特加……15毫升
桃味利口酒……15毫升
蓝柑桂酒……1茶匙
葡萄柚汁……20毫升
凤梨汁……5毫升

将原材料摇匀后倒入盛有冰块的古典式酒杯中。

Kiss Of Fire
热情之吻

26度　中口　摇和法

这款鸡尾酒曾经是1955年举行的第5届日本饮料评比大赛上的冠军作品。它的创制人是石冈贤司。伏特加的酒香中飘溢着黑刺李金酒和味美思的芳香。

伏特加……20毫升
黑刺李金酒……20毫升
干味美思……20毫升
柠檬汁……2点
砂糖（雪花风格）

将原材料摇匀后倒入糖口雪花风格的鸡尾酒杯中。

Grand Prix
大奖

28度　中口　摇和法

这款鸡尾酒中包含着味美思和君度酒的芳香，并且还带有柳橙的果香。酒中的淡红色是因为放入了石榴糖浆。

伏特加………………30毫升
干味美思……………25毫升
君度酒………………5毫升
柠檬汁………………1茶匙
石榴糖浆……………1茶匙

将原材料摇匀后倒入鸡尾酒杯中。

Green Fantasy
绿色幻想

25度　中口　摇和法

这是一款带有甜瓜利口酒色泽的餐前鸡尾酒。由于加入了味美思，使得这款饮品的酒香变得更加浓郁。

伏特加………………25毫升
干味美思……………25毫升
甜瓜利口酒…………10毫升
酸橙汁………………1茶匙

将原材料摇匀后倒入鸡尾酒杯中。

Greyhound
灰狗

13度　中口　兑和法

“Greyhound”这个词原意是指把尾巴夹在两腿之间走路的狗。这款酒品是由“咸狗（第99页）”演变而来的。它别名叫“没有尾巴的狗”。

伏特加………………45毫升
葡萄柚汁……………适量

将伏特加倒入盛有冰块的酒杯中，然后用冰凉的葡萄柚汁注满酒杯，并轻轻地搅拌。

Cape Codder
哥德角

20度 中口 摇和法

“Capecodder”原本是美国马萨诸塞州的一个半岛的名字。由于这款鸡尾酒把伏特加和越橘汁融合在一起，因此它的酒香也变得更加浓郁。

伏特加……………… 45毫升
越橘汁……………… 45毫升

将原材料摇匀后倒入盛有冰块的古典式酒杯中。

Cossack
哥萨克

30度 辛口 调和法

“Cossack”这个词原本是活跃于帝俄时期的一支骑士军团的名字。由于它混合了两种烈性酒，因此酒精度数也就比较高。

伏特加……………… 24毫升
白兰地……………… 24毫升
酸橙汁……………… 12毫升
糖浆………………… 1茶匙

将原材料摇匀后倒入鸡尾酒杯中。

Cosmopolitan
大都会

22度 中口 摇和法

这是一款粉红色的鸡尾酒。这款鸡尾酒将白柑桂酒和两种果汁的风味完美地结合在一起。

伏特加……………… 30毫升
白柑桂酒…………… 10毫升
越橘汁……………… 10毫升
酸橙汁……………… 10毫升

将原材料摇匀后倒入鸡尾酒杯中。

God-Mather
教母

34度 中口 兑和法

这款鸡尾酒是对“教父（第157页）”的伏特加化。从这款酒品中，我们可以清晰地感觉到杏仁利口酒的香醇。

伏特加………………45毫升
杏仁利口酒…………15毫升

将原材料倒入盛有冰块的酒杯中，并轻轻地搅拌。

Colony
殖民者

22度 中口 摇和法

这种鸡尾酒融合了酸橙的果味和南方安逸酒的酒香。它的特点是口感清爽、甜度适中。

伏特加………………20毫升
南方安逸酒…………20毫升
酸橙汁………………20毫升

将原材料摇匀后倒入鸡尾酒杯中。

Sea Breeze
海风

8度 中口 摇和法

这款鸡尾酒曾经于1980年风行美国大陆，它属于低酒精型饮料。其制作要点是调制出越橘汁清爽的色泽与口感。

伏特加………………30毫升
越橘汁………………60毫升
葡萄柚汁……………60毫升

将原材料摇匀后倒入盛有冰块的鸡尾酒杯中，您还可以根据个人喜好装饰上鲜花。

Gypsy
吉普赛

35度 中口 摇和法

"gypsy"这个词原意是指散居在欧洲的流浪人群。这款酒品体现出了代表药草和香草系列利口酒的贝来狄酒的独特风味。

伏特加………………48毫升
贝来狄酒……………12毫升
安哥斯特拉苦精酒
……………………约1毫升

将原材料摇匀后倒入鸡尾酒杯中。

Screwdriver
螺丝刀

15度 中口 兑和法

这款鸡尾酒的命名来自于搅拌匙的"回旋"形态。它的口感清爽滑润。

伏特加………………45毫升
柳橙汁…………………适量
柳橙片…………………适量

将伏特加倒入盛有冰块的酒杯中，然后用冰凉的柳橙汁注满酒杯，并轻轻地搅拌。最后根据个人喜好装饰上柳橙片。

Sledge Hammer
大锤

33度 辛口 摇和法

这款鸡尾酒对伏特加的含量要求比"伏特加钻头（第91页）"高得多，它属于辛口鸡尾酒。"Sledge hamme"这个词的原本就是用两只手抡起大锤的意思。

伏特加………………50毫升
酸橙汁(加糖)………10毫升

将原材料摇匀后倒入鸡尾酒杯中。

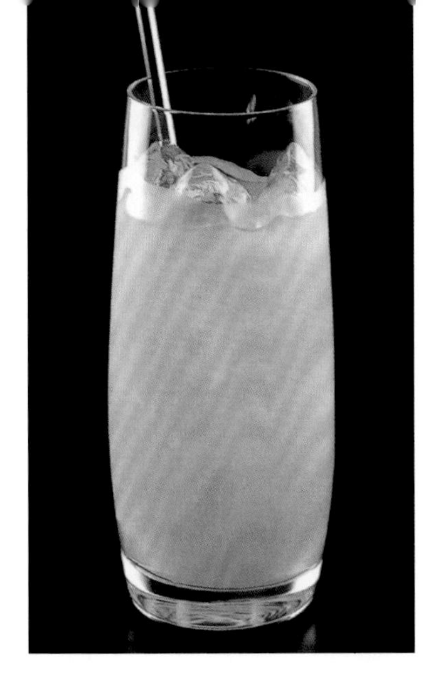

Sex On The Beach

激情海岸

10度　中口　兑和法

这款酒品因在电影《鸡尾酒》中出现，所以人们对它十分熟悉。它融合了甜瓜利口酒和木莓利口酒的特色，能够让人们充分地享受到那迷人的鲜果芳香。

伏特加………………15毫升
甜瓜利口酒…………20毫升
木莓利口酒…………10毫升
凤梨汁………………80毫升

将原材料倒入盛有冰块的酒杯中，并轻轻地搅拌。您也可以将原材料适当地调匀后再饮用。

Salty Dog

咸狗

13度　中口　兑和法

“salty”是“咸味、咸的”的意思。这是一种面向海事工作者的鸡尾酒。葡萄柚汁的微酸和盐的微咸使得伏特加的酒香更加浓郁。

伏特加………………45毫升
葡萄柚汁…………………适量
盐（雪花风格）………适量

将冰块和伏特加一起倒入盐口雪花风格的鸡尾酒杯中。然后用冰凉的柳橙汁注满酒杯，并轻轻地搅拌。

Chi-Chi

奇奇

7度　中口　摇和法

“chi-chi”原本是“时髦的、流行的”的意思。人们从这款产自夏威夷的热带饮料中可以清晰地体味到凤梨汁的清甜和椰奶的醇香。

伏特加………………30毫升
凤梨汁………………80毫升
椰奶…………………45毫升
凤梨块、柳橙片…… 各适量

将原材料摇匀后倒入盛有冰块的鸡尾酒杯中，您还可以根据个人喜好装饰上一些水果或鲜花。

Czarine
沙俄皇后

27度　中口　调和法

“Czarina”这个词指的是帝俄时代的皇后。味美思那浓郁的酒香和杏子白兰地的甘甜造就了这款鸡尾酒的高贵品质。

伏特加………………… 30毫升
干味美思……………… 15毫升
杏子白兰地………… 15毫升
安哥斯特拉苦精酒…… 1点

将原材料用混合杯搅拌后倒入鸡尾酒杯中。

Take Five
休息5分钟

25度　辛口　摇和法

这款酒与布鲁贝克的爵士乐作品《休息五分钟》同名。它的特点是酒香中透着香草的芬芳。

伏特加………………… 30毫升
荨麻酒（黄色）…… 15毫升
酸橙汁………………… 15毫升

将原材料摇匀后倒入鸡尾酒杯中。

Barbara
芭芭拉

25度　中口　摇和法

这款鸡尾酒是对基酒之白兰地部分的“亚历山大（第168页）”的伏特加化。它把可可豆利口酒和鲜奶油的芳香充分地结合了起来，就像是巧克力饮料那样美味。

伏特加………………… 30毫升
可可豆利口酒（褐色）
………………………… 15毫升
鲜奶油………………… 15毫升

将原材料充分摇匀后倒入鸡尾酒杯中。

Harvey Wallbanger

哈维撞墙

15度 中口 兑和法

这款鸡尾酒是在“螺丝刀（第98页）”的基础上加入了加里安诺酒后调制而成的。据说加利福尼亚的一个名为“哈维”的小伙子曾经为寻找这种酒而头部撞到墙上，这款酒由此得名。

伏特加………………… 45毫升
柳橙汁…………………… 适量
加里安诺酒(第51页) 2茶匙
柳橙片…………………… 适量

将伏特加倒入盛有冰块的酒杯中，然后用冰凉的柳橙汁注满酒杯，并轻轻地搅拌。最后倒入加里安诺酒并使其悬浮起来。您可以根据个人喜好装饰上柳橙片。

Baccarat

百乐水晶

33度 中口 摇和法

这款鸡尾酒是混合伏特加、特基拉酒以及白柑桂酒后调制而成的。它的特点是口感清爽高雅。蓝柑桂酒的添入使得这种鸡尾酒的色泽格外鲜亮。

伏特加………………… 30毫升
特基拉酒…………… 15毫升
白柑桂酒…………… 15毫升
蓝柑桂酒……………… 1茶匙
柠檬汁………………… 1茶匙

将原材料摇匀后倒入鸡尾酒杯中。

Balalaika

巴拉莱卡

25度 中口 摇和法

这款鸡尾酒甘甜味美，深受人们的欢迎。如果将配方中的基酒更换，就会调制出“白色丽人（第82页）”等多种口味不同的鸡尾酒。“Balalaika”原意是一种类似吉他的乐器，属于俄罗斯产的弦乐器。

伏特加………………… 30毫升
白柑桂酒…………… 15毫升
柠檬汁………………… 15毫升

将原材料摇匀后倒入鸡尾酒杯中。

Funky Grasshopper

受惊的蚱蜢

20度　中口　调和法

这款鸡尾酒是把“蚱蜢（第184页）”配方中的鲜奶油换成伏特加而得来的。它融合了可可豆和薄荷的特点，口感清爽甘甜。

伏特加………………20毫升
绿薄荷酒……………20毫升
可可豆利口酒（白色）
………………………20毫升

将原材料用混合杯搅拌后倒入鸡尾酒杯中。

Black Russian

黑色俄罗斯

32度　中口　兑和法

饮用这款鸡尾酒时，您可以体会到咖啡利口酒的芳香。如果在酒液上层浇上鲜奶油，那么就变成了“白色俄罗斯（第105页）”，要是把配方中的基酒换成特基拉，它就变成了“勇敢的公牛（第133页）”。

伏特加………………40毫升
咖啡利口酒…………20毫升

将原材料摇匀后倒入盛有冰块的古典式酒杯中，然后轻轻地搅拌。

Bloody Bull

血腥公牛

12度　辛口　兑和法

这款鸡尾酒是将“血腥玛丽（第103页）”和“公牛弹丸（第104页）”混合后调制而成的。由于原材料中有牛肉汤，因此这款酒品显得更加浓郁。

伏特加………………45毫升
柠檬汁………………15毫升
西红柿汁……………适量
牛肉汤………………适量
柠檬块、黄瓜条……各适量

将原材料摇匀后倒入盛有冰块的酒杯中，然后轻轻地搅拌。您可以根据个人喜好装饰上柠檬块和黄瓜条。

Bloody Mary
血腥玛丽

12度 辛口 兑和法

这款鸡尾酒名来自于16世纪镇压新教徒的英格兰女王“血腥玛丽”的名字。饮用该酒品时，您可以根据个人口味加些食盐、胡椒、柠檬块、西红柿汁等。

伏特加………………45毫升
西红柿汁………………适量
柠檬块、芹菜段……各适量

将威士忌倒入盛有冰块的酒杯中，然后用冰凉的西红柿汁将酒杯注满，并轻轻地搅拌，最后可以根据个人喜好装饰上柠檬块和芹菜。

Plum Square
洋李广场

28度 中口 摇和法

在这款鸡尾酒的配方中使用了黑刺李金酒，这种金酒是用欧洲特产的李子作原料的，所以口味很特别。该饮品浓郁的酒香中飘溢着些许酸苦。

伏特加………………40毫升
黑刺李金酒…………10毫升
酸橙汁………………10毫升

将原材料摇匀后倒入鸡尾酒杯内。

Framboise Sour
木莓酸味鸡尾酒

12度 中口 摇和法

这款鸡尾酒带有木莓利口酒的芳香和甘甜。由于该酒的甜味主要来自利口酒，所以比较容易调解。

伏特加………………30毫升
木莓利口酒…………15毫升
酸橙汁………………15毫升
蓝柑桂酒………………1点

将原材料摇匀后倒入鸡尾酒杯内。

Bull Shot
公牛弹丸

15度　中口　兑和法

这款鸡尾酒是通过混合汤汁和伏特加调制而成的。在欧美一些国家，它是一种很流行的餐前酒。您也可以采取摇和法进行制作，还可以根据个人喜好加一些胡椒、伍斯特沙司以及塔巴斯哥辣酱油等。

伏特加………………… 45毫升
牛肉汤（冷却的）…… 适量
酸橙片…………………… 适量

将原材料摇匀后倒入盛有冰块的酒杯中，然后轻轻地搅拌。您可以根据个人喜好装饰上酸橙片。

Blue Lagoon
蓝色泻湖

22度　中口　摇和法

这款鸡尾酒的特点正如其名，显现出了蓝柑桂酒所特有的鲜亮色泽。它1960年诞生于法国巴黎，现在闻名于世。

伏特加………………… 30毫升
蓝柑桂酒……………… 20毫升
柠檬汁………………… 20毫升
柳橙片、酒味樱桃… 各适量

将原材料摇匀后倒入鸡尾酒杯中，然后再装饰上柳橙片和酒味樱桃。

Volga
伏尔加河

25度　中口　摇和法

这款鸡尾酒是用俄罗斯一条河流的名字来命名的。它融合了酸橙汁的微酸、柳橙汁和石榴糖浆的清甜，味道清爽可口。

伏特加………………… 40毫升
酸橙汁………………… 10毫升
柳橙汁………………… 10毫升
柳橙苦精酒…………… 1点
石榴糖浆……………… 2点

将石榴糖浆之外的原材料摇匀后倒入鸡尾酒杯，然后让石榴糖浆慢慢地沉淀下来。

Volga Boatman

伏尔加河上的船夫

18度 甘口 摇和法

这款鸡尾酒名为“伏尔加河上的船夫”。它将雪利白兰地和柳橙汁的特点结合起来，在味道方面芳香中带着微酸，十分可口。

伏特加………………20毫升
雪利白兰地…………20毫升
柳橙汁………………20毫升

将原材料摇匀后倒入鸡尾酒杯中。

White Spider

白色蜘蛛

32度 中口 摇和法

这款鸡尾酒又名“史丁格伏特加”，它是对“史丁格（第173页）”的伏特加化，我们饮用这款酒品时可以感受到薄荷的清香和舒爽。

伏特加………………40毫升
白薄荷酒……………20毫升

将原材料摇匀后倒入鸡尾酒杯中。

White Russian

白色俄罗斯

25度 甘口 兑和法

这款鸡尾酒是在“黑色俄罗斯（第102页）”的酒液上层添加鲜奶油后调制而成的。由于在咖啡利口酒的基础上使用了鲜奶油，因此这种酒品带有冰激凌般的甘甜。

伏特加………………40毫升
咖啡利口酒…………20毫升
鲜奶油………………适量

将伏特加和咖啡利口酒倒入盛有冰块的酒杯中，并轻轻地搅拌，最后让鲜奶油悬浮上来。

Moscow Mule

莫斯科骡马

12度 中口 兑和法

“Moscow Mule”不仅指莫斯科产的骡马，也含有被骡马踢倒的意思。这款鸡尾酒口味清爽独特，十分受欢迎。它原来的配方使用的是姜汁汽水啤酒而不是姜汁汽水，用来盛酒的容器是铜制马克杯。

伏特加……………………………………45毫升
酸橙汁……………………………………15毫升
姜汁汽水……………………………………适量
酸橙块……………………………………适量

将伏特加和酸橙汁倒入盛有冰块的酒杯中，然后用冰凉的姜汁汽水将酒杯注满，并轻轻地搅拌，最后您可以根据个人喜好装饰上酸橙块。

Yukiguni

雪国

30度 中口 摇和法

这款鸡尾酒曾在1958年由“寿屋”（日本三得利株式会社的前身）主办的鸡尾酒大赛上获得冠军，它的创制人是井山计一。它通过将酒杯边沿制作成雪花风格及装饰上绿樱桃，生动地呈现出雪国的美丽景色。

伏特加……………………………………40毫升
白柑桂酒…………………………………20毫升
酸橙汁（加糖）……………………………2茶匙
砂糖（雪花风格）、绿樱桃………………各适量

将原材料摇匀后倒入糖口雪花风格的鸡尾酒杯中，然后装饰上绿樱桃。

Russian
俄罗斯人

33度　中口　摇和法

这款鸡尾酒顾名思义产于俄罗斯。由于在配方中使用了可可豆利口酒，因此酒香中带有甘甜，另外，它的酒精度数很高。

伏特加……………… 20毫升
干金酒……………… 20毫升
可可豆利口酒（褐色）
……………………… 20毫升

将原材料摇匀后倒入鸡尾酒杯中。

Road Runner
爱情追逐者

25度　甘口　摇和法

这款酒由于杏仁酒和椰奶的加入而带有甜味，它属于餐后鸡尾酒。酒香中飘溢着奶油的芳香，实在是一种高雅可口的饮品。

伏特加……………… 30毫升
杏仁酒……………… 15毫升
椰奶………………… 15毫升
豆蔻粉………………… 适量

将原材料摇匀后倒入鸡尾酒杯，您还可以根据个人喜好加上些豆蔻粉。

Roberta
罗伯塔

24度　中口　摇和法

在这款鸡尾酒中，雪利白兰地那鲜艳的色彩给人留下深刻的印象。由于在它的配方中将伏特加和两种味美思共三种利口酒混合在一起，所以使得酒香更加浓郁，口味变得更加丰富。

伏特加……………… 20毫升
干味美思…………… 20毫升
雪利白兰地………… 20毫升
肯巴利酒……………… 1点
香蕉利口酒…………… 1点

将原材料摇匀后倒入鸡尾酒杯中。

基酒之朗姆酒

Rum Base Cocktails

在鸡尾酒中，有着朗姆酒特有的甜味，并洋溢着南国风情的鸡尾酒占主流。调制鸡尾酒时，您可以根据个人喜好选择白朗姆酒、金黄朗姆酒或黑朗姆酒。

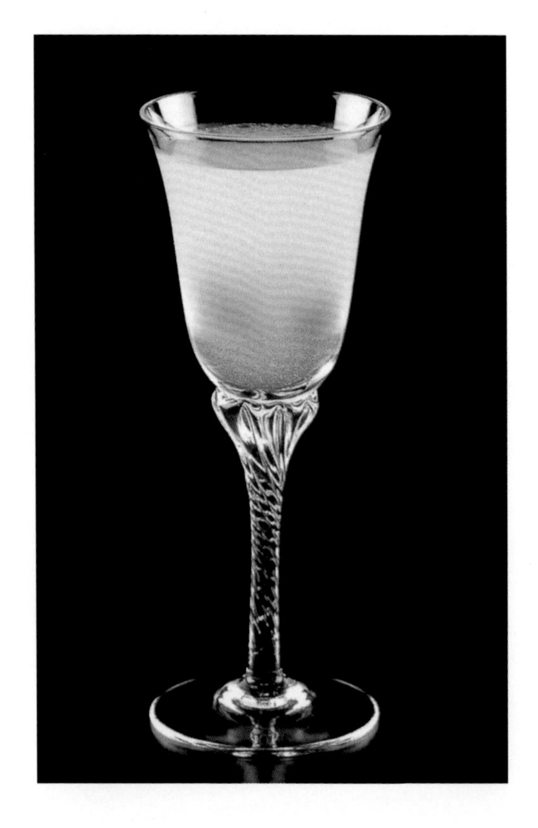

X. Y. Z

XYZ

由于XYZ这3个字母位于字母表的最后，所以这个名字蕴含着这款鸡尾酒是至高无上的意思。这款酒品中，白柑桂酒那清香怡人的口味中隐约透着朗姆酒的风味，并且还极具柠檬汁怡神酸味。如果将朗姆酒基酒换成白兰地的话，那么就调制出“边车（第171页）”这款鸡尾酒。

白朗姆酒……………………………………30毫升
白柑桂酒……………………………………15毫升
柠檬汁………………………………………15毫升

将原材料摇匀后，倒入鸡尾酒杯中。

El Presidente
总统

30度　中口　调和法

“El Presidente”这个词在西班牙语中是“总统”的意思。这款鸡尾酒口感清凉，颇具干味美思和柳橙柑桂酒的风味。

白朗姆酒……………30毫升
干味美思……………15毫升
柳橙柑桂酒…………15毫升
石榴糖浆………………1点

将原材料在混合杯内搅拌后，倒入鸡尾酒杯。

Cuba Libre
自由古巴

12度　中口　兑和法

1902年，古巴人民进行了反对西班牙的独立战争，在这场战争中他们使用“Cuba libre”（即自由的古巴万岁）作为纲领性口号，于是便有了这款名为“自由古巴”的鸡尾酒。加入可乐后的这款鸡尾酒口感轻柔，很适合在海滩酒吧饮用。

白朗姆酒……………45毫升
酸橙汁………………10毫升
可乐……………………适量
酸橙片…………………适量

将朗姆酒和酸橙汁倒入盛有冰块的酒杯后，用冰凉的可乐注满酒杯，然后轻轻地搅拌。您可以根据个人的喜好装饰上酸橙片。

Cuban
古巴

20度　中口　摇和法

这款鸡尾酒是用朗姆酒的产地——古巴来命名的。这款酒品中，杏子白兰地和酸橙汁调和在一起，极好地衬托出朗姆酒的特有风味。如果将朗姆酒基酒换成白兰地的话，就会调制出“古巴人的鸡尾酒（第170页）”。

白朗姆酒……………35毫升
杏子白兰地…………15毫升
酸橙汁………………10毫升
石榴糖浆……………2茶匙

将原材料摇匀后，倒入鸡尾酒杯内。

Kingston

金斯敦

金斯敦是牙买加的首都。这款鸡尾酒使用了多呈浓郁口味的牙买加朗姆酒（黑色或金黄色）作基酒，使得调制出的酒品香气馥郁芬芳。

牙买加朗姆酒……30毫升
白柑桂酒……15毫升
柠檬汁……15毫升
石榴糖浆…… 1点

将原材料摇匀后，倒入鸡尾酒杯中。

Green Eyes

绿眼睛

这款鸡尾酒是在1983年举行的“全美鸡尾酒大赛”上荣获西部赛区冠军的作品。它在第二年即1984年被指定为洛杉矶奥运会的正式饮品。这款椰子风味的鸡尾酒味道香甜、清新舒逸。

金黄朗姆酒……30毫升
绿（甜瓜利口酒）……25毫升
凤梨汁……45毫升
椰奶……15毫升
酸橙汁……15毫升
碎冰…… 1茶杯
酸橙片……适量

将原材料放入搅拌机搅拌后，倒入酒杯中并装饰上酸橙片。

Grog
格罗格

9度 中口 兑和法

这是一款美味可口的热饮，它将黑朗姆酒特有的深邃香气和柠檬的酸味巧妙地融合在一起，另外，添加的桂枝条和丁香更加衬托了这款鸡尾酒的风味。

黑朗姆酒……………45毫升
柠檬汁………………15毫升
方糖……………………1块
桂枝条、丁香………各适量

将原材料倒入热饮用的酒杯中，然后用热水注满酒杯并轻轻地搅拌。您可以根据个人的喜好加入桂枝条和丁香。

Coral
珊瑚

24度 中口 摇和法

这是一款颇具南国风味的鸡尾酒，它将与果汁融合性极好的白朗姆酒和杏子白兰地绝妙地混合在一起。饮用这款鸡尾酒时，您能享受到酸甜味搭配后的绝妙协调感。

白朗姆酒……………30毫升
杏子白兰地…………10毫升
葡萄柚汁……………10毫升
柠檬汁………………10毫升

将原材料摇匀后，倒入鸡尾酒杯中。

Golden Friend
金色朋友

15度 中口 摇和法

这款鸡尾酒是1982年举行的“杏仁利口酒国际大赛”上的获奖作品。这是一款长饮，它将黑朗姆酒与杏仁利口酒的醇厚风味混合在一起，令人回味无穷。

黑朗姆酒……………20毫升
杏仁利口酒…………20毫升
柠檬汁………………20毫升
可乐……………………适量
柠檬片…………………适量

将可乐之外的饮料摇匀后，倒入盛有冰块的酒杯中，并用冰凉的可乐注满酒杯，然后轻轻地搅拌。您可以根据个人的喜好装饰上柠檬片。

Jamaica Joe

牙买加小子

25度 甘口 摇和法

这是一款咖啡风味的甘口鸡尾酒。它将由牙买加特产的蓝山咖啡酿成的添万利酒和作为鸡蛋利口酒的蛋黄酒组合后，口味醇厚、口感独特。

白朗姆酒……20毫升
添万利酒（咖啡利口酒）……20毫升
瓦宁库斯蛋黄酒（第53页）……20毫升
石榴糖浆……1茶匙

将石榴糖浆之外的饮料摇匀后，倒入鸡尾酒杯中，最后让石榴糖浆沉淀下来。

Shanghai

上海

20度 中口 摇和法

这是一款以繁华热闹的商业都市——上海命名的鸡尾酒。这一杯颇具中国情调的鸡尾酒，既有牙买加朗姆酒（黑色或金黄色）的特有风味，又有贝合诺酒的独特芳香。另外，在原来的配方中，不使用贝合诺酒，而是使用“茴芹种子利口酒”。

牙买加朗姆酒……30毫升
贝合诺酒（第51页）……10毫升
柠檬汁……20毫升
石榴糖浆……2点

将原材料摇匀后，倒入鸡尾酒杯中。

Sky Diving
跳伞

20度　中口　摇和法

这款鸡尾酒在1967年日本调酒师协会主办的鸡尾酒大赛上获得最高奖。这款酒品中那深邃透明的蓝色给人留下深刻的印象，味道上酸味和甜味恰到好处地调和在一起。

白朗姆酒…………… 30毫升
蓝柑桂酒…………… 20毫升
酸橙汁……………… 10毫升

将原材料摇匀后，倒入鸡尾酒杯中。

Scorpion
天蝎座

25度　中口　摇和法

这是一款以“天蝎”或“天蝎座”命名的、原产于夏威夷的热带风情饮品。这款酒品中虽然加入了很多的烈酒，但它的口感却宛如新鲜果汁般爽快。

白朗姆酒…………… 45毫升
白兰地……………… 30毫升
柳橙汁……………… 20毫升
柠檬汁……………… 20毫升
酸橙汁（加糖）…… 15毫升
柳橙片、酒味樱桃… 各适量

将原材料摇匀后，倒入装有碎冰的酒杯内。您可以根据个人的喜好装饰上柳橙片和酒味樱桃。

Sonora
回音

33度　辛口　摇和法

“Sonora”一词在西班牙语中是“声音”或“回音”的意思。在这款酒品中朗姆酒和苹果白兰地奏出绝妙的和声，杏和柠檬的香味也恰到好处地交融在一起。

白朗姆酒…………… 30毫升
苹果白兰地………… 30毫升
杏子白兰地…………… 2点
柠檬汁………………… 1点

将原材料摇匀后，倒入鸡尾酒杯中。

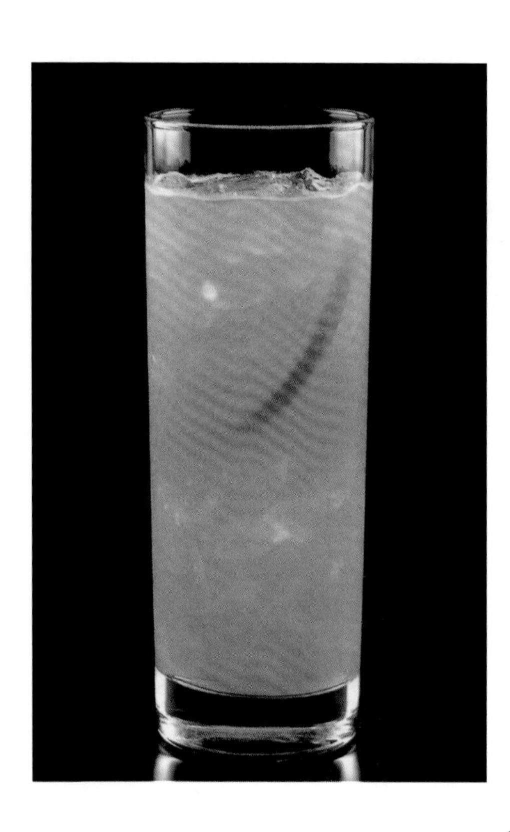

Zombie
赞比

19度 中口 摇和法

在西印度群岛一带所流传的迷信中，“Zombie”一词是指受魔术师操纵的死人。这是一款将三种朗姆酒混合在一起的珍稀鸡尾酒，酒中还加入了大量的新鲜果汁，喝完令人回味无穷。

朗姆酒（白）……………………………20毫升
朗姆酒（金黄）…………………………20毫升
朗姆酒（黑）……………………………20毫升
杏子白兰地………………………………10毫升
柳橙汁……………………………………15毫升
凤梨汁……………………………………15毫升
柠檬汁……………………………………10毫升
石榴糖浆…………………………………5毫升
柳橙片……………………………………适量

将原材料摇匀后，倒入装有碎冰的酒杯内，装饰上柳橙片。

Daiquiri
戴吉利

“Daiquiri”是古巴一座矿山的名字。戴吉利鸡尾酒是用朗姆酒作基酒调制而成的代表性鸡尾酒，它的特点是透出清凉感的酸。如果将糖浆换成石榴糖浆的话，就调制成“百家地（第116页）”鸡尾酒。

白朗姆酒…………………………………45毫升
酸橙汁……………………………………15毫升
糖浆………………………………………1茶匙

将原材料摇匀后，倒入鸡尾酒杯。

Chinese
中国人

38度 中口 摇和法

这是一款极具刺激性的鸡尾酒。它的制作方法是先将大量的朗姆酒用水果系列的利口酒调出酸味和甜味，然后再用苦味酒和柠檬皮加上清新的香味。

白朗姆酒…………… 60毫升
柳橙柑桂酒……………2点
黑樱桃酒………………2点
石榴糖浆………………2点
安哥斯特拉苦精酒……1点
柠檬皮、酒味樱桃… 各适量

将原材料摇匀后，倒入鸡尾酒杯内，然后装饰上用鸡尾酒饰针穿的酒味樱桃。

Nevada
内华达

23度 中口 摇和法

“Nevada”是美国西部一个州的名字。这款鸡尾酒将朗姆酒与酸橙、葡萄柚汁混合在一起，使得口感清淡凉爽。

白朗姆酒…………… 36毫升
酸橙汁……………… 12毫升
葡萄柚汁…………… 12毫升
砂糖（糖浆）……… 1茶匙
安哥斯特拉苦精酒…… 1点

将原材料摇匀后，倒入鸡尾酒杯中。

Pineapple Fizz
凤梨菲士

15度 中口 摇和法

这是一款使用凤梨汁调制的菲士风格的长饮。这款酒品的味道与带有凤梨香味的“金菲士（第70页）”如出一辙。

白朗姆酒…………… 45毫升
凤梨汁……………… 20毫升
糖浆…………………1茶匙
苏打水………………适量

将苏打水之外的饮料摇匀后，倒入盛有冰块的酒杯内，然后用冰凉的苏打水注满酒杯，并轻轻地搅拌。

Bacardi

百家地

28度 中口 摇和法 

古巴百家地公司为了提高该公司朗姆酒的销量，发明研制了此款鸡尾酒。1936年纽约最高法院宣布“百家地鸡尾酒必须使用百家地朗姆酒酿制”，这一宣布使百家地鸡尾酒顿刻名声大振。这款酒品也可以说是“戴吉利（第114页）”鸡尾酒的改良版。

百家地朗姆酒（白）……………………45毫升
酸橙汁……………………………………15毫升
石榴糖浆…………………………………1茶匙

将原材料摇匀后，倒入鸡尾酒杯中。

Havana Beach

哈瓦那海滩

17度 甘口 摇和法

这款鸡尾酒用著名的朗姆酒产地——古巴首都哈瓦那来命名的。这款酒品使用大量的凤梨汁以象征加勒比的众多岛屿，从而使整个饮品极具热带风情。由于它是甜味饮品，所以少放或者不放糖浆也可以。

白朗姆酒…………………………………30毫升
凤梨汁……………………………………30毫升
糖浆………………………………………1茶匙

将原材料摇匀后，倒入鸡尾酒杯中。

Bahama
巴哈马

24度　中口　摇和法

这款鸡尾酒是用位于西印度群岛西北部的巴哈马岛的名字来命名的。这款酒品在朗姆酒中加入了南方安逸酒，使之呈现水果口味，同时又添加了具有香甜芳香的香蕉利口酒。

白朗姆酒……………20毫升
南方安逸酒…………20毫升
柠檬汁………………20毫升
香蕉利口酒……………1点

将原材料摇匀后，倒入鸡尾酒杯中。

Pina Colada
凤梨可乐达

8度　甘口　摇和法

“PinaColada”在西班牙语中是“凤梨地”的意思。它是一款原产于加勒比海、而在美国大受欢迎的热带风情饮品。这款酒品中凤梨和椰子相互融合，使得口感协调润滑，堪称极品。

白朗姆酒……………30毫升
凤梨汁………………80毫升
椰奶…………………30毫升
凤梨块、绿樱桃………适量

将原材料摇匀后，倒入盛有碎冰的酒杯内，您可以根据个人喜好装饰上凤梨块和绿樱桃。

Platinum Blonde
银发美女

这款酒品中只有白柑桂酒是甜味的，虽然加入了鲜奶油，但却让人有意想不到的清爽口感。

白朗姆酒……………20毫升
白柑桂酒……………20毫升
鲜奶油………………20毫升

将原材料充分摇匀后，倒入鸡尾酒杯中。

Planter's cocktail
拓荒者鸡尾酒

17度　中口　摇和法

“Planter”一词意为“农场主”或“在农场工作的人”。这是一款名副其实的、南方生产的鸡尾酒，它使用了大量的柳橙汁，颇具热带风情。

白朗姆酒…………… 30毫升
柳橙汁……………… 30毫升
柠檬汁………………… 3点

将原材料充分摇匀后，倒入鸡尾酒杯中。

Planter's Punch
拓荒者宾治

35度　中口　摇和法

这是一款洋溢着热带风情的鸡尾酒。这款酒品是由原产于牙买加的有着强烈个性的朗姆酒（黑色或金黄色）与白柑桂酒混合调制而成的。由于这款酒中朗姆酒所占比例很大，所以它的酒精度数相当高。

牙买加朗姆酒……… 60毫升
白柑桂酒…………… 30毫升
砂糖（糖浆）…… 1～2茶匙
酸橙片、薄荷叶…… 各适量

将原材料摇匀后，倒入盛有碎冰的酒杯内，再装饰上酸橙片和薄荷叶并放入吸管。

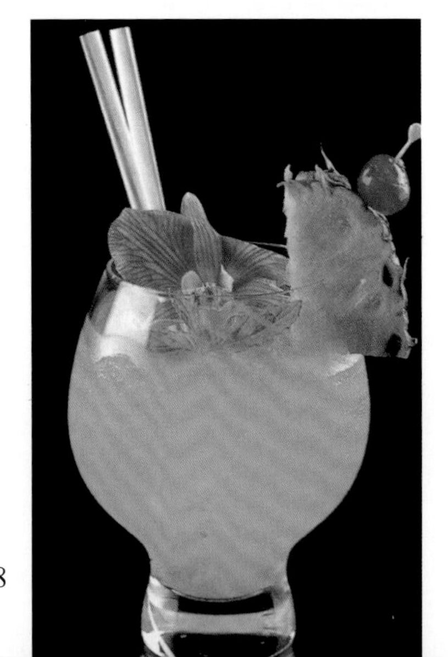

Blue Hawaii
蓝色夏威夷

14度　中口　摇和法

这款鸡尾酒洋溢着热带风情，见到它就会让人不禁联想到常夏之岛——夏威夷的蔚蓝大海。这款酒具有蓝柑桂酒和凤梨汁的爽快酸味。另外，您还可以装饰上大量的时令鲜花和水果。

白朗姆酒…………… 30毫升
蓝柑桂酒…………… 15毫升
凤梨汁……………… 30毫升
柠檬汁……………… 15毫升
凤梨块、酒味樱桃、薄荷叶
……………………… 各适量

将原材料摇匀后，倒入盛有碎冰的大酒杯内，再装饰上凤梨块等您所喜欢的水果和花儿。

Frozen Strawberry Daiquiri

冰冻草莓戴吉利

7度　中口　拌和法

这款鸡尾酒是“冰冻戴吉利”系列的变异饮品之一，它颇具新鲜草莓的味觉和视觉冲击力。采用本款配方，您还可以用各种各样的水果制作“冰冻戴吉利”系列的其他饮品。

- 白朗姆酒……………30毫升
- 酸橙汁………………10毫升
- 白柑桂酒……………1茶匙
- 糖浆……………1/2～1茶匙
- 鲜草莓………………2～3个
- 碎冰…………………1茶杯

将作装饰用的草莓之外的材料用搅拌机搅拌后，倒入酒杯内并放入吸管。您可以根据个人的喜好装饰上切好的草莓。

Frozen Daiquiri

冰冻戴吉利

8度　中口　摇和法

大文豪厄内斯特·海明威喜欢喝不加糖的冰冻戴吉利鸡尾酒，因此这款鸡尾酒广为人知。它是具有代表性的冰冻风格的鸡尾酒饮品，是炎炎夏日中最适合饮用的一款饮料。

- 白朗姆酒……………40毫升
- 酸橙汁………………10毫升
- 白柑桂酒……………1茶匙
- 砂糖（糖浆）………1茶匙
- 碎冰…………………1茶杯
- 薄荷叶………………适量

将原材料用搅拌机搅拌后，倒入酒杯内，然后装饰上薄荷叶。

Frozen Banana Daiquiri

冰冻香蕉戴吉利

7度　中口　摇和法

这款鸡尾酒是“冰冻戴吉利”系列的另一个变异饮品，它使用香蕉利口酒和新鲜香蕉作为原料。由于加入过多的香蕉，会令鸡尾酒变得淡而无味，所以制作时请注意香蕉的用量。

- 白朗姆酒……………30毫升
- 香蕉利口酒…………10毫升
- 柠檬汁………………15毫升
- 糖浆…………………1茶匙
- 鲜香蕉………………1/3个
- 碎冰…………………1茶杯

将原材料用搅拌机搅拌后，倒入酒杯内，放入吸管。

Boston Cooler
波士顿酷乐

15度 中口 摇和法

这是用美国东部的一个城市——“波士顿”来命名的一款长饮。这款酒品口感清爽。如果用苏打水代替姜汁汽水进行兑和，那就调制出“朗姆菲士”。

白朗姆酒……………45毫升
柠檬汁………………20毫升
糖浆…………………1茶匙
姜汁汽水……………适量

将姜汁汽水之外的原材料摇匀后，倒入盛有冰块的酒杯内，然后用冰凉的姜汁汽水将酒杯注满并轻轻地搅拌。

Hot Buttered Rum
热黄油朗姆酒

15度 中口 兑和法

英国人为抵御严寒的冬天而发明了这款鸡尾酒。它是自古以来就深受人们喜爱的代表性热饮之一。这款酒品将黑朗姆酒的浓厚口味与黄油的醇厚口感极好地融合在一起。如果您不喜欢甜品的话，可以少放糖。

黑朗姆酒……………45毫升
方糖…………………1个
黄油…………………1单位
热水…………………适量

将方糖放入热饮用的酒杯内，用少量的热水将其溶化，然后倒入朗姆酒，再用热水将酒杯注满并轻轻地搅拌，最后使黄油漂浮上来。

Miami
迈阿密

33度 中口 摇和法

这是一款将白朗姆酒与白薄荷酒调和在一起的、极具清凉感的鸡尾酒。如果将薄荷酒换成白柑桂酒，那么就调制成“迈阿密宾治”这款鸡尾酒了。

白朗姆酒……………40毫升
白薄荷酒……………20毫升
柠檬汁………………1/2茶匙

将原材料充分摇匀后，倒入鸡尾酒杯内。

Mai-Tai
迈泰

25度　中口　摇和法

这款鸡尾酒在世界上被誉为热带风情饮品女王。"Mai-Tai"在波利尼西亚语中是"好极了"的意思。如果您在南方小岛上的海滩酒吧或游泳池饮用该鸡尾酒的话，您会真正地感受到"好极了"！

白朗姆酒……45毫升
柳橙柑桂酒……1茶匙
凤梨汁……2茶匙
柳橙汁……2茶匙
柠檬汁……1茶匙
黑朗姆酒……2茶匙
凤梨块、柳橙片、酒味樱桃、绿樱桃……各适量

将黑朗姆酒以外的原材料摇匀后，倒入盛有冰块的大酒杯内，最后使黑朗姆酒悬浮起来。您可以根据个人喜好装饰上水果和花儿。

Millionaire
百万富翁

25度　中口　摇和法

这是一款水果口味的鸡尾酒，其中调入了两种极具魅力的果实系列利口酒，使得口味酸甜适中。

白朗姆酒……15毫升
黑刺李金酒……15毫升
杏子白兰地……15毫升
柳橙汁……15毫升
石榴糖浆……约1毫升

将原材料摇匀后，倒入鸡尾酒杯内。

Mary Pickford
玛丽·皮克福德

18度 甘口 摇和法

“Mary Pickford”是无声电影时代非常活跃的一位美国女演员的名字。这款鸡尾酒将凤梨汁和石榴糖浆融合在一起，使得口感柔和、带有甜味。

白朗姆酒…………… 30毫升
凤梨汁………………… 30毫升
石榴糖浆……………… 1茶匙
黑樱桃酒………… 约1毫升

将原材料摇匀后，倒入鸡尾酒杯中。

Mojito
莫吉托

25度 中口 兑和法

这是一款让人享受到清凉感的、适合夏季饮用的鸡尾酒。制作这款酒品时，先在朗姆酒和酸橙汁中加入薄荷叶，再放入冰块，充分搅拌至酒杯外面挂霜，这样才能更好地显现这款饮品的特点。

金黄朗姆酒………… 45毫升
鲜酸橙…………………1/2个
糖浆………………… 1茶匙
薄荷叶……………… 6～7片

将酸橙拧绞后连果肉带果皮一起倒入酒杯内，再放入薄荷叶和糖浆并轻轻捣拌。最后放入碎冰，并倒入朗姆酒再充分地搅拌。

Rum & Pineapple
凤梨朗姆酒

15度 中口 兑和法

这款制作方法简单的鸡尾酒将黑朗姆酒和凤梨汁调和在一起，具有南方口味。这款酒品中恰到好处的酸味和甜味更加衬托了朗姆酒的味道。它是一款让人倍感舒畅的水果口味的饮品。

黑朗姆酒…………… 45毫升
凤梨汁………………… 适量
凤梨块、绿樱桃…… 各适量

将原材料倒入盛有冰块的酒杯内，然后轻轻地搅拌，最后装饰上凤梨块和绿樱桃。

Rum Caipirinha

朗姆乡村姑娘

28度 中口 兑和法

“Caipirinha”一词在葡萄牙语中是“乡村姑娘”的意思。原本这款鸡尾酒是用巴西特产的朗姆酒制作的。这款酒品将新鲜的酸橙口味与浓厚的朗姆酒风味和谐地调和在了一起。

白朗姆酒…………… 45毫升
鲜酸橙…………… 1/2～1个
砂糖（糖浆）…… 1～2茶匙

将切成大块的酸橙放入酒杯内，加上砂糖并充分捣拌。再放入碎冰倒入朗姆酒并将其搅拌，最后放入搅拌匙。

Rum Cooler

朗姆酷乐

28度 中口 兑和法

这是一款以朗姆酒作为基酒的酷乐风格的（第230页）长饮。这款酒品颇具酸橙汁的爽快感，十分美味可口。

白朗姆酒…………… 45毫升
酸橙汁……………… 20毫升
石榴糖浆…………… 1茶匙
苏打水……………… 适量

将原材料摇匀后倒入装有冰块的柯林杯内，再用冰凉的苏打水注满柯林杯并轻轻地搅拌。

Rum & Cola

朗姆可乐

12度 中口 兑和法

虽然这只是一款用可乐调兑朗姆酒的简单制作型鸡尾酒，但这款酒品却入喉清爽，深受大家喜爱。您还可以根据个人的喜好用威士忌及伏特加、特基拉等作基酒。

朗姆酒（任何一款皆可）
…………………… 30～45毫升
可乐…………………… 适量
柠檬块………………… 适量

将朗姆酒倒入装有冰块的酒杯内，用冰凉的可乐注满酒杯并将挤压好的柠檬放进去后轻轻地调和。

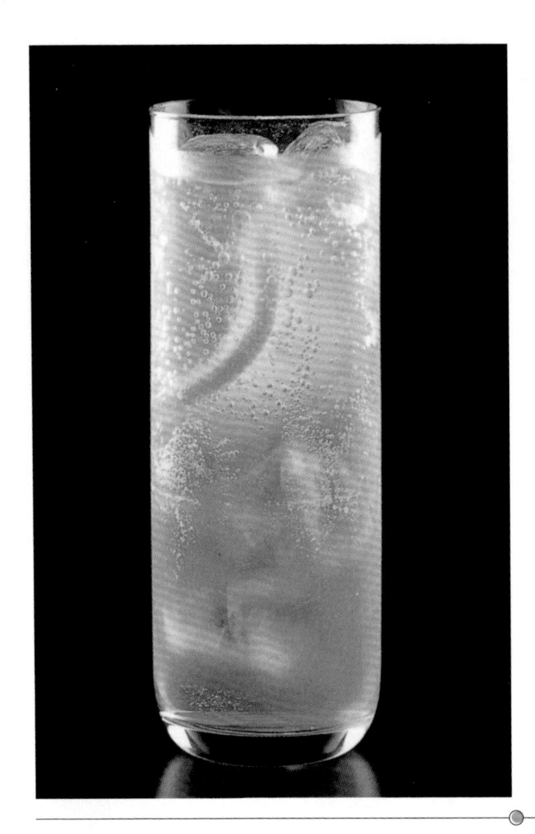

Rum Collins
朗姆柯林

14度 中口 摇和法

这款鸡尾酒是将“汤姆柯林（第74页）”中的金酒基酒换成朗姆酒后调制而成的。这款酒品清凉爽快，十分美味可口。另外，制作这款鸡尾酒时，也可以使用黑朗姆酒之外的其他颜色的朗姆酒作基酒。

黑朗姆酒…………45毫升
柠檬汁…………20毫升
糖浆…………1～2茶匙
苏打水…………适量
柠檬片…………适量

将苏打水以外的原材料摇匀后，倒入装有冰块的柯林杯内，用冰凉的苏打水注满酒杯并轻轻地搅拌。另外，您可以根据个人喜好装饰上柠檬片。

Rum Julep
朗姆茱莉普

这是一款口感爽快、适合夏天饮用的鸡尾酒。它是使用白色和黑色两种朗姆酒制作而成的“茱莉普风格（第231页）”的长饮。为了使这款饮品更美味可口，请充分搅拌至酒杯外面挂霜。

白朗姆酒…………30毫升
黑朗姆酒…………30毫升
砂糖（或糖浆）…………2茶匙
水…………30毫升
薄荷叶…………4～5片

将朗姆酒以外的原材料倒入柯林杯内，并一边将砂糖溶化，一边加入薄荷叶进行搅拌。然后将搅拌好的朗姆酒倒入盛有碎冰的酒杯中，等充分搅拌均匀后放入吸管。

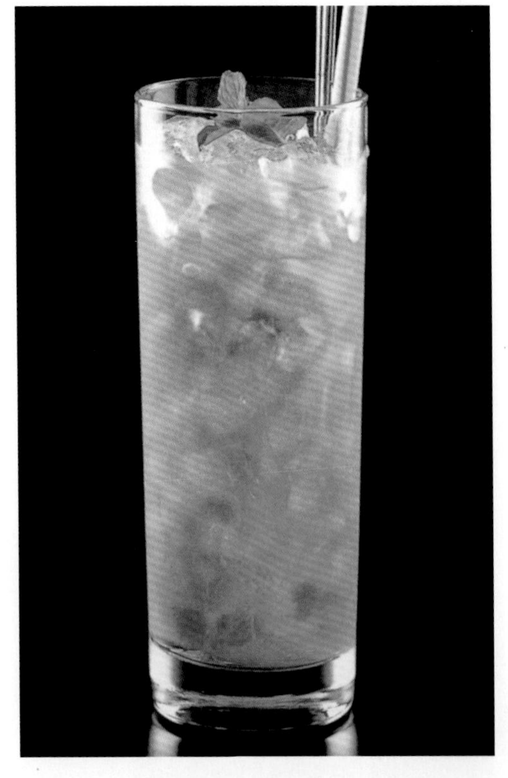

Rum & Soda
朗姆苏打水

14度 中口 兑和法

虽然这只是一款用苏打水调兑朗姆酒的简单制作型鸡尾酒，但这款酒品却极好地体现了朗姆酒独具个性的熟成感。另外，您还可以根据个人的喜好使用黑朗姆酒以外的任何一款其他颜色的朗姆酒作基酒。

黑朗姆酒…………… 45毫升
苏打水………………… 适量
酸橙片………………… 适量

将朗姆酒倒入盛有冰块的酒杯内，用冰凉的苏打水注满酒杯并轻轻地搅拌。另外，您可以根据个人喜好装饰上酸橙片。

Rum & Tonic
朗姆汤尼

14度 中口 兑和法

这是一款口感润滑爽快的鸡尾酒，它是用汤尼水与口感温和的金黄朗姆酒调制而成的。另外，您可以使用金黄朗姆酒以外的任何一款其他颜色的朗姆酒作基酒。

金黄朗姆酒………… 45毫升
汤尼水………………… 适量
酸橙块………………… 适量

将朗姆酒倒入装有冰块的酒杯内，用冰凉的汤尼水注满酒杯并轻轻地调和。另外，您可以根据个人喜好装饰上酸橙块。

Little Princess
小公主

28度 中口 调和法

这是一款以“小公主”这个可爱的词语命名的鸡尾酒。虽然这款酒品只用白朗姆酒和甜味美思两种酒调制而成，但却具有一定的刺激口感。

白朗姆酒…………… 30毫升
甜味美思…………… 30毫升

将原材料用混合杯搅拌后，倒入鸡尾酒杯内。

基酒之特基拉酒

Tequila Base Cocktails

我们可以充分利用墨西哥产的烈酒调制出种类繁多、口味丰富的鸡尾酒，而且特基拉酒可以与利口酒和果汁完美地融合在一起。

Ice-Breaker

破冰船

20度 中口 摇和法

“Ice-Braker”意为“破冰船”或“破冰器”，引申意为“调和物”。这是一款口感爽快的粉红色鸡尾酒。这款酒品以特基拉酒作为基酒，并兑入略带苦味的葡萄柚汁。

特基拉酒……24毫升
白柑桂酒……12毫升
葡萄柚汁……24毫升
石榴糖浆……1茶匙

将原材料摇匀后，倒入盛有冰块的古典式酒杯中。

Ambassador
大使

12度 中口 兑和法

“Ambassador”是“大使”或“外交使节”的意思。这款鸡尾酒是“螺丝刀”(第98页)的特基拉版，它略带甜味。

特基拉酒…………… 45毫升
柳橙汁………………… 适量
糖浆…………………… 1茶匙
柳橙片、酒味樱桃… 各适量

将原材料倒入盛有冰块的酒杯中并轻轻地搅拌。您可以根据个人的喜好装饰上柳橙片和酒味樱桃。

Ever Green
常青树

11度 中口 摇和法

这是一款漂亮的、水果口味的鸡尾酒。这款酒品是将极具清凉感的绿薄荷汁与具有香草和茴芹香气的甜加里安诺酒调和在一起的。

特基拉酒…………… 30毫升
绿薄荷汁…………… 15毫升
加里安诺酒………… 10毫升
凤梨汁……………… 90毫升
凤梨块、薄荷叶、酒味樱桃、绿樱桃………… 各适量

将原材料调和后倒入盛有冰块的酒杯中。您可以根据个人的喜好装饰上凤梨块、薄荷叶、酒味樱桃和绿樱桃。

El Diablo
恶魔

11度 中口 兑和法

这是一款长饮鸡尾酒。这款鸡尾酒具有黑醋栗利口酒的甜味及酸橙汁和姜汁汽水的爽快感。

特基拉酒…………… 30毫升
鲜酸橙………………… 1/2个
姜汁汽水……………… 适量

将特基拉酒和黑醋栗利口酒倒入盛有冰块的酒杯中，扭拧酸橙并将其放入酒杯中，再用冰凉的姜汁汽水注满酒杯并轻轻地搅拌。

Orange Margarita
柳橙玛格丽特

26度 中口 摇和法

这是一款受人欢迎的、以特基拉酒作基酒的“玛格丽特（第136页）”鸡尾酒的变异之一。它是将“玛格丽特”鸡尾酒中的白柑桂酒换成柳橙汁，酸橙汁换成柠檬汁制作而成的饮品。这款鸡尾酒极具柳橙风味，口感爽快。

特基拉酒……………………………………30毫升
格林曼聂酒（柳橙柑桂酒）………………15毫升
柠檬汁………………………………………15毫升
盐（雪花风格）……………………………适量

将原材料摇匀后，倒入盐口雪花风格的鸡尾酒杯中。

Corcovado
耶稣山

20度  中口 摇和法

“Corcovado”是巴西东南部的里约热内卢市郊区附近的一座山的名字，这座山上建造了一尊巨大的耶稣像，它由此而闻名。这是一款将特基拉酒的独特风味与苏格兰威士忌利口酒的药草香气交织在一起的、口感爽快的鸡尾酒。它鲜艳漂亮的钴蓝色让人不禁联想到南方的大海。

白特基拉酒…………………………………30毫升
苏格兰威士忌利口酒………………………30毫升
蓝柑桂酒……………………………………30毫升
苏打水………………………………………适量
酸橙片………………………………………适量

将苏打水以外的原材料摇匀后，倒入盛有冰块的酒杯中并轻轻地搅拌。您可以根据个人的喜好装饰上酸橙片。

Contessa

伯爵夫人

20度 中口 摇和法

“Contessa”在意大利语中是“伯爵夫人”的意思。这是一款水果口味、美味可口的鸡尾酒。这款酒品将葡萄柚汁和荔枝利口酒极其和谐地融和在一起。

特基拉酒…………… 30毫升
荔枝利口酒………… 10毫升
葡萄柚汁…………… 20毫升

将原材料摇匀后，倒入鸡尾酒杯中。

Cyclamen

仙客来

26度 中口 摇和法

这款鸡尾酒让人不禁联想到那美丽的仙客来花，它甜度适中、呈水果口味。那沉淀下来的石榴糖浆与柳橙汁颜色对比强烈，十分美丽。

特基拉酒…………… 30毫升
君度酒……………… 10毫升
柳橙汁……………… 10毫升
柠檬汁……………… 10毫升
石榴糖浆…………… 1茶匙
柠檬皮……………… 适量

将石榴糖浆以外的原材料摇匀后，倒入鸡尾酒杯中。等石榴糖浆缓慢地沉淀下来后，再拧入几滴柠檬皮汁。

Silk Stockings

丝袜

25度 甘口 摇和法

这款鸡尾酒是一种餐后酒。这款酒品是以白兰地作基酒的“亚历山大（第168页）”鸡尾酒的变异之一，它加入石榴糖浆后极具浓郁的奶油甜香味。

特基拉酒…………… 30毫升
可可豆利口酒（褐色）
……………………… 15毫升
鲜奶油……………… 15毫升
石榴糖浆…………… 1茶匙
酒味樱桃…………… 适量

将原材料充分摇匀后，倒入鸡尾酒杯中。您可以根据个人的喜好装饰上酒味樱桃。

Straw Hat

草帽

12度　辛口　兑和法

这是一款用西红柿汁调兑特基拉酒制造的一款给人健康感觉的鸡尾酒。这款酒品是将“血腥玛丽（第103页）”鸡尾酒中的基酒换成特基拉酒后调制而成的。

特基拉酒…………… 45毫升
西红柿汁……………… 适量
柠檬块………………… 适量

将特基拉酒倒入盛有冰块的酒杯中，并用冰凉的西红柿汁将酒杯注满，然后装饰上柠檬块。

Sloe Tequila

黑刺李特基拉

22度　中口　摇和法

这是一款将特基拉酒特有的辛辣口味与黑刺李金酒的风味恰到好处地调和在一起的鸡尾酒。另外，在调制好的鸡尾酒中，您还可以用芹菜段作装饰。

特基拉酒…………… 30毫升
黑刺李金酒………… 15毫升
柠檬汁……………… 15毫升
黄瓜条………………… 适量

将原材料摇匀后，倒入盛有碎冰的古典式酒杯中，然后装饰上黄瓜条。

Tequila&Grapefruit

特基拉葡萄柚

12度　中口　兑和法

这是一款简单制作型鸡尾酒，它将相互融合的特基拉酒和葡萄柚汁调兑在一起。这款酒品酸味适中、略带苦味，令人百喝不厌。

特基拉酒…………… 45毫升
葡萄柚汁……………… 适量
绿樱桃………………… 适量

将原材料倒入盛有冰块的酒杯中，并轻轻地搅拌。您可以根据个人的喜好装饰上绿樱桃。

Tequila Sunset

特基拉日落

5度　中口　拌和法

这是一款让人联想到墨西哥美丽晚霞的冰冻风格的鸡尾酒。这款酒品带有柠檬汁的酸味，口感爽快。在炎炎夏日或游泳池边饮用该酒品是再适宜不过的了。

特基拉酒……………………………………30毫升
柠檬汁………………………………………30毫升
石榴糖浆…………………………………… 1茶匙
碎冰………………………………………… 1茶杯

将原材料用搅拌机搅拌后，倒入酒杯中并放入吸管。

Tequila Sunrise

特基拉日出

12度　中口　兑和法

这是一款让人联想到墨西哥朝霞的、充满热情的鸡尾酒。20世纪70年代滚石乐队的成员迈克·贾格尔在墨西哥演出时特别喜欢喝这款鸡尾酒，由此使得这款鸡尾酒更出名。

特基拉酒……………………………………45毫升
柳橙汁………………………………………90毫升
石榴糖浆…………………………………… 2茶匙
柳橙片………………………………………… 适量

将特基拉酒和柳橙汁倒入盛有冰块的酒杯中，轻轻地搅拌后，让石榴糖浆缓慢地沉淀下来。您可以根据个人的喜好装饰上柳橙片。

Tequila Martini
特基拉马提尼

35度　辛口　调和法

这是将“马提尼(第83页)”中的基酒换成特基拉酒而调制成的一款鸡尾酒。它又叫“特基尼”。比起用金酒作基酒的鸡尾酒，这款酒品的口感要稍微浓烈些。

特基拉酒…………… 48毫升
干味美思…………… 12毫升
橄榄、柠檬皮……… 各适量

将原材料搅拌均匀后，倒入鸡尾酒杯中，再拧入几滴柠檬皮汁。您可以根据个人的喜好装饰上用鸡尾酒饰针穿的橄榄。

Tequila Manhattan
特基拉曼哈顿

34度　中口　调和法

这是将“曼哈顿（第165页）”中的基酒换成特基拉酒后调制成的一款鸡尾酒。这款酒品中甜味美思的香味和特基拉酒绝妙地融合在一起，呈现出一种与威士忌基酒迥然不同的风味。

特基拉酒…………… 45毫升
甜味美思…………… 15毫升
安哥斯特拉苦精酒…… 1点
绿樱桃………………… 适量

将原材料用搅拌机搅拌后，倒入鸡尾酒杯中，并装饰上绿樱桃。

Tequonic
迪克尼克

12度　中口　兑和法

这款鸡尾酒的英文名是“tequila & tonic”的缩写。如果饮用前放入扭拧过的酸橙块，那样则更能衬托出特基拉酒（白色或金黄色）的美味。

特基拉酒…………… 45毫升
汤尼水………………… 适量
酸橙块………………… 适量

将特基拉酒倒入盛有冰块的酒杯中，再用冰凉的汤尼水注满酒杯并轻轻地搅拌。您可以根据个人的喜好装饰上酸橙块。

Picador
骑马斗牛士

35度 甘口 调和法

这是一款口感舒畅、口味浓烈的鸡尾酒。它在香甜口味的咖啡利口酒中加入了特基拉酒特有的风味，饮用时可以让人隐约地品味到柠檬皮的清新香气。

特基拉酒……………30毫升
咖啡利口酒…………30毫升
柠檬皮…………………适量

将原材料用搅拌机搅拌后，倒入鸡尾酒杯中，再拧入几滴柠檬皮汁。

Brave Bull
勇敢的公牛

32度 中口 兑和法

这款鸡尾酒是将“黑色俄罗斯（第102页）”中的基酒换成特基拉酒后调制而成的。饮用这款酒品时，您可以直接品味到咖啡利口酒的甜味和苦味。

特基拉酒……………40毫升
咖啡利口酒…………20毫升

将原材料倒入装有冰块的古典式酒杯中，并轻轻地搅拌。

French Cactus
法国仙人掌

34度 中口 兑和法

这款鸡尾酒因将法国产的君度酒与墨西哥产的特基拉酒调和在一起而得名的。酒品口感舒畅，口味中等辛辣。

特基拉酒……………40毫升
君度酒………………20毫升

将原材料倒入盛有冰块的古典式酒杯中，并轻轻地搅拌。

Frozen Blue Margarita

冰冻蓝色玛格丽特

7度 中口 搅和法

这款酒品是“冰冻玛格丽特”鸡尾酒的变异之一。它将“玛格丽特”鸡尾酒中的基酒由君度酒（白柑桂酒）换成蓝柑桂酒，以调制出美丽的蓝色，再把其中的果汁由酸橙汁换成柠檬汁以突出该饮品的酸味和爽快口感。

特基拉酒	30毫升
蓝柑桂酒	15毫升
柠檬汁	15毫升
砂糖（糖浆）	1茶匙
碎冰	1茶杯

将原材料用搅拌机搅拌后，倒入盐口雪花风格的酒杯中。

Frozen Margarita

冰冻玛格丽特

7度 中口 搅和法

这款酒品是“玛格丽特（第136页）”鸡尾酒的冰冻风格饮品，它的外观也让人倍感清凉，因此特别适合夏季饮用。如果将原料中的君度酒换成草莓利口酒，那就制作出“冰冻草莓玛格丽特”，如果换成甜瓜利口酒，那就制作出“冰冻甜瓜玛格丽特”。您可以如法炮制尝试着使用各种利口酒制作“冰冻玛格丽特”系列的其他饮品。

特基拉酒	30毫升
君度酒	15毫升
酸橙汁	15毫升
砂糖（糖浆）	1茶匙
碎冰	1茶杯

将原材料用搅拌机搅拌后，倒入盐口雪花风格的酒杯中。

Broadway Thirst
百老汇醉鬼

20度　中口　摇和法

这款鸡尾酒诞生于伦敦的一个酒吧，它在特基拉酒中掺入了果汁，味道十分鲜美。

特基拉酒……………30毫升
柳橙汁………………15毫升
柠檬汁………………15毫升
砂糖（糖浆）………1茶匙

将原材料摇匀后，倒入鸡尾酒杯中。

Matador
斗牛士

15度　中口　摇和法

“Matador”是指斗牛比赛中最后出场并刺死牛的“斗牛场上的英雄”。这是一款使用特基拉酒制作出的代表性鸡尾酒之一。饮用该酒品入喉时可微微感到甜甜的水果味。

特基拉酒……………30毫升
凤梨汁………………45毫升
酸橙汁………………15毫升

将原材料摇匀后，倒入盛有冰块的古典式酒杯中。

Maria Theresa
玛丽特雷萨

20度　中口　摇和法

特基拉酒中加入带有酸味的酸橙汁和越橘汁后，就可以调制出一款深受人们喜爱的略带甜味鸡尾酒。饮用该酒品时，您可以从中畅快地品味出清淡的特基拉酒味。

特基拉酒……………40毫升
酸橙汁………………20毫升
越橘汁………………20毫升

将原材料摇匀后，倒入鸡尾酒杯中。

Margarita
玛格丽特

26度　中口　摇和法

本款鸡尾酒是1949年“全美鸡尾酒大赛”上的冠军作品。这款酒品的创作者为纪念在不幸中死去的恋人,将自已的获奖作品以恋人“玛格丽特”的名字来命名。这款酒品略带酸味。

特基拉酒…………… 30毫升
白柑桂酒…………… 15毫升
酸橙汁……………… 15毫升

将原材料摇匀后，倒入盐口雪花风格的鸡尾酒杯中。

Mexican
墨西哥人

17度　甘口　摇和法

这是一款将墨西哥产的特基拉酒与南方特产的凤梨汁调和在一起的甜味鸡尾酒。该酒品加入石榴糖浆后，更带有甜味。

特基拉酒…………… 30毫升
凤梨汁……………… 30毫升
石榴糖浆……………… 1点

将原材料摇匀后，倒入鸡尾酒杯中。

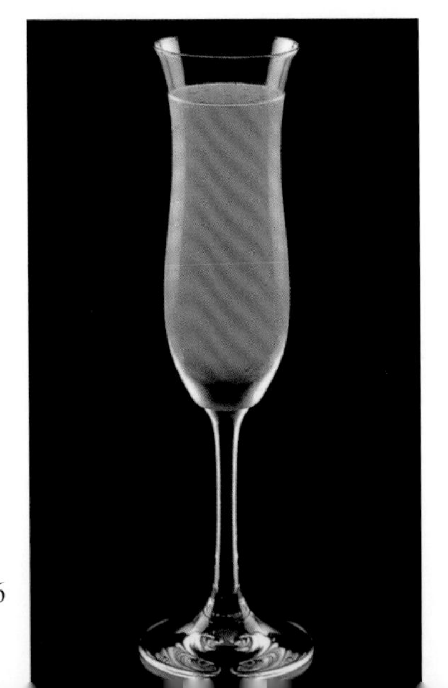

Mexico Rose
墨西哥玫瑰

24度　中口　摇和法

这是一款充满诱惑力的鸡尾酒。这款酒品中黑醋栗利口酒的酸味和甜味绝妙地搭配在一起，给人无尽的享受。

特基拉酒…………… 36毫升
黑醋栗利口酒……… 12毫升
柠檬汁……………… 12毫升

将原材料摇匀后，倒入鸡尾酒杯中。

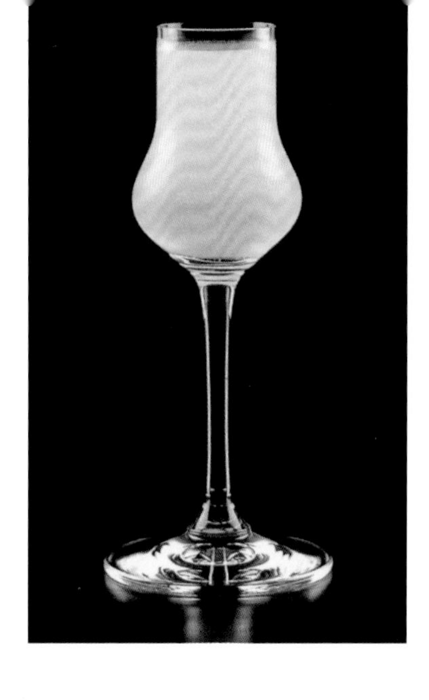

Melon Margarita

甜瓜玛格丽特

26度 中口 摇和法

这是将“玛格丽特（第136页）”中的白柑桂酒换成甜瓜利口酒后调制而成的一款鸡尾酒。这款酒品颜色漂亮，口味甜美。您可以根据个人的喜好用盐或砂糖制作雪花风格的鸡尾酒。

- 特基拉酒…………… 30毫升
- 甜瓜利口酒………… 15毫升
- 柠檬汁……………… 15毫升

将原材料摇匀后，倒入鸡尾酒杯中。

Mockingbird

八哥

25度 中口 摇和法

“Mockingbird”是一种原产于墨西哥的、能模仿其他鸟鸣叫的“八哥”。这款鸡尾酒在色泽上，绿薄荷酒那鲜艳夺目的色彩让人不禁联想到绿色的森林；在口感上让人越喝心情越畅快。

- 特基拉酒…………… 30毫升
- 绿薄荷酒…………… 15毫升
- 酸橙汁……………… 15毫升

将原材料摇匀后，倒入鸡尾酒杯中。

Rising Sun

日出龙舌兰

33度 中口 摇和法

这款鸡尾酒是1963年举行的“纪念调酒师法实施10周年鸡尾酒大赛”中获得厚生大臣奖的作品，它的创造者是今井清。在这款酒品中，荨麻酒那清爽的香草气味将特基拉酒的味道发挥得淋漓尽致。

- 特基拉酒…………… 30毫升
- 荨麻酒（黄色）…… 20毫升
- 酸橙汁（加糖）…… 10毫升
- 黑刺李金酒………… 1茶匙
- 酒味樱桃……………… 适量

将原材料摇匀后，倒入盐口雪花风格的鸡尾酒杯中，并装饰上酒味樱桃。

如果改变基酒，整个鸡尾酒的名字也会改变

鸡尾酒的演变过程

如果改变某种鸡尾酒配方中的基酒或是任何一种用于混合的辅助材料，在很多情况下，都会制作出与先前完全不同的酒品。下面我们就通过实例来演示由于基酒和配料的改变而产生新鸡尾酒的过程。

白色丽人
的演变

→P.82

改变基酒

[材料]

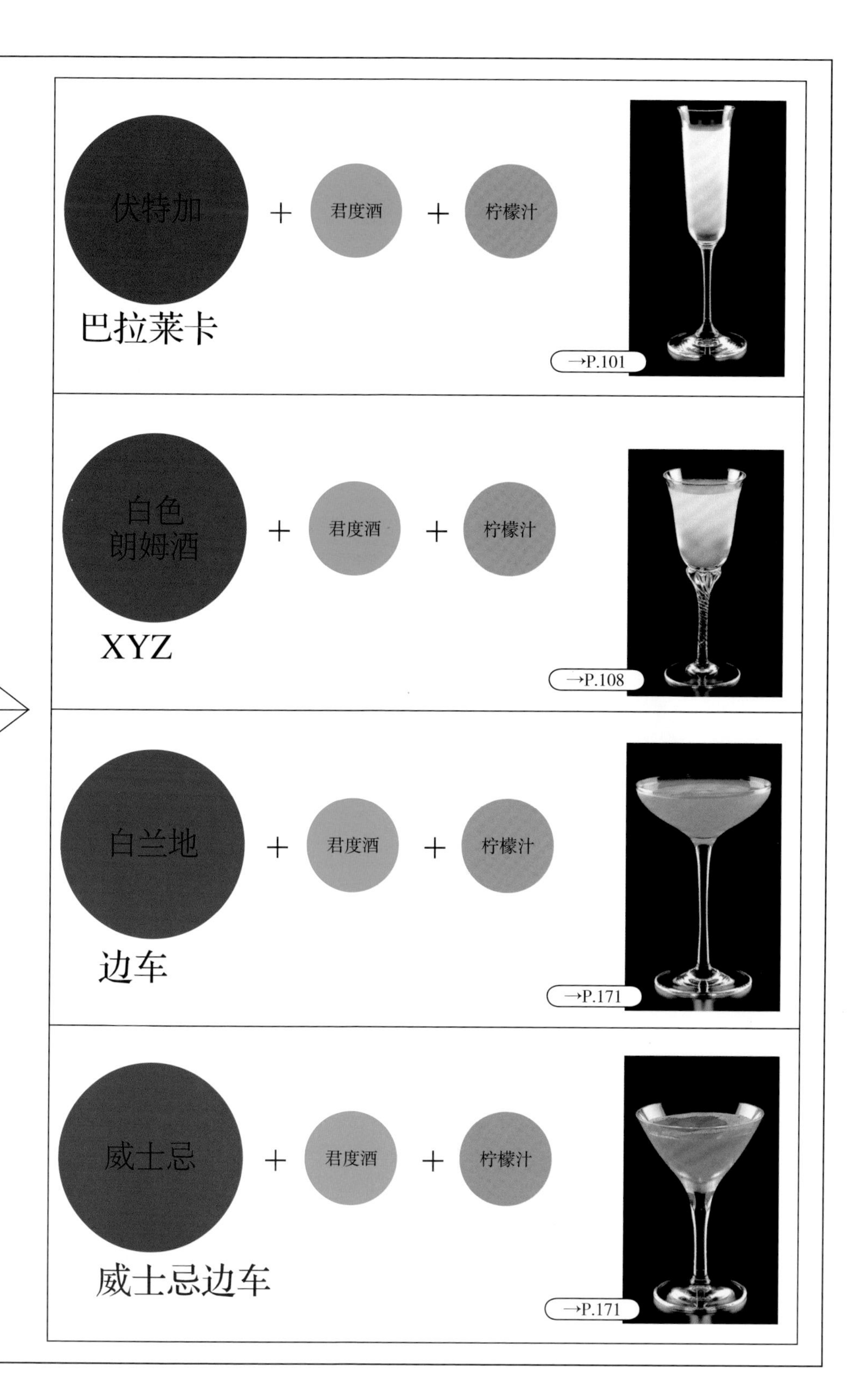
伏特加
+
君度酒
+
柠檬汁
巴拉莱卡
→P.101
白色朗姆酒
+
君度酒
+
柠檬汁
XYZ
→P.108
白兰地
+
君度酒
+
柠檬汁
边车
→P.171
威士忌
+
君度酒
+
柠檬汁
威士忌边车
→P.171

马提尼
的演变
→P.83
[材料]
干金酒
+
味美思
（干）
改变基酒
改变干味美思
味美思
（甜）
+
干金酒
味美思
（甜+干）
+
干金酒
马提尼
（甜）
→P.84
马提尼
（中性）
→P.84

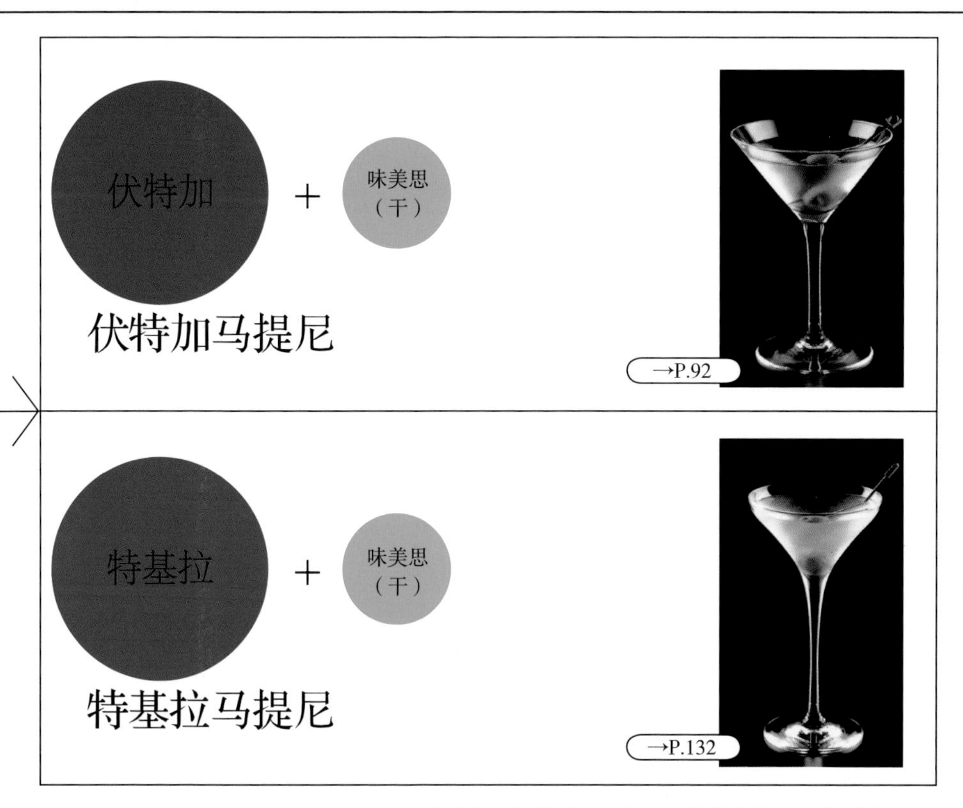

★将马提尼的基酒改变为日本酒则调制出“日本酒提尼”。改变为烧酒则调制出“烧酒提尼”。

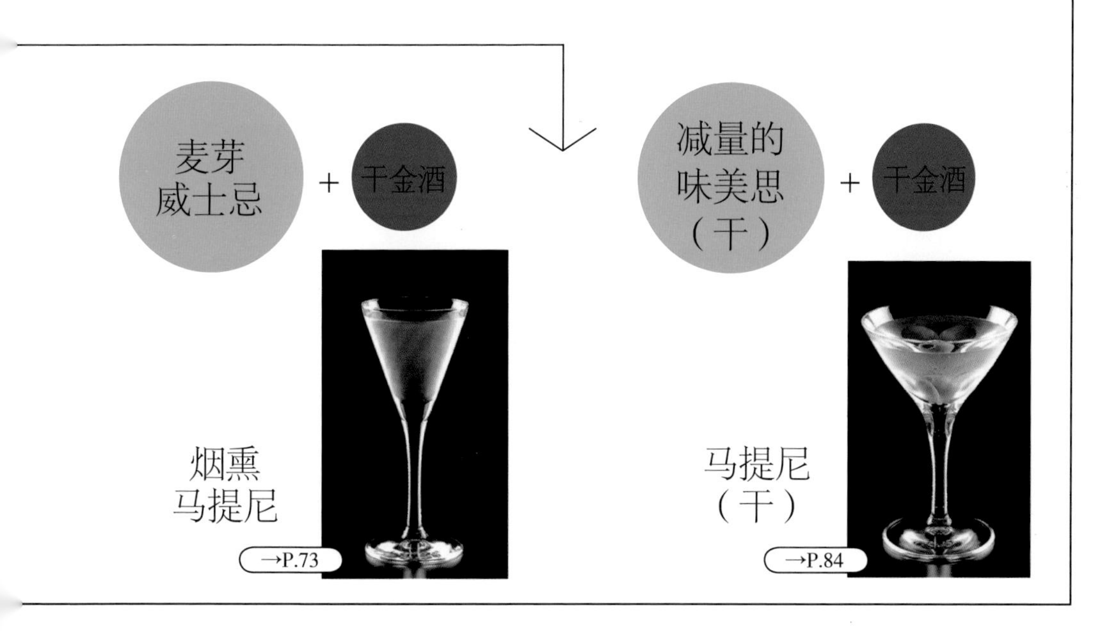

史丁格
的演变

→P.173

[材料]

白兰地 + 白薄荷酒

改变基酒

干金酒 + 白薄荷酒

白色翅膀
（别名史丁格金酒）

→P.82

伏特加 + 白薄荷酒

白色蜘蛛
（别名史丁格伏特加）

→P.105

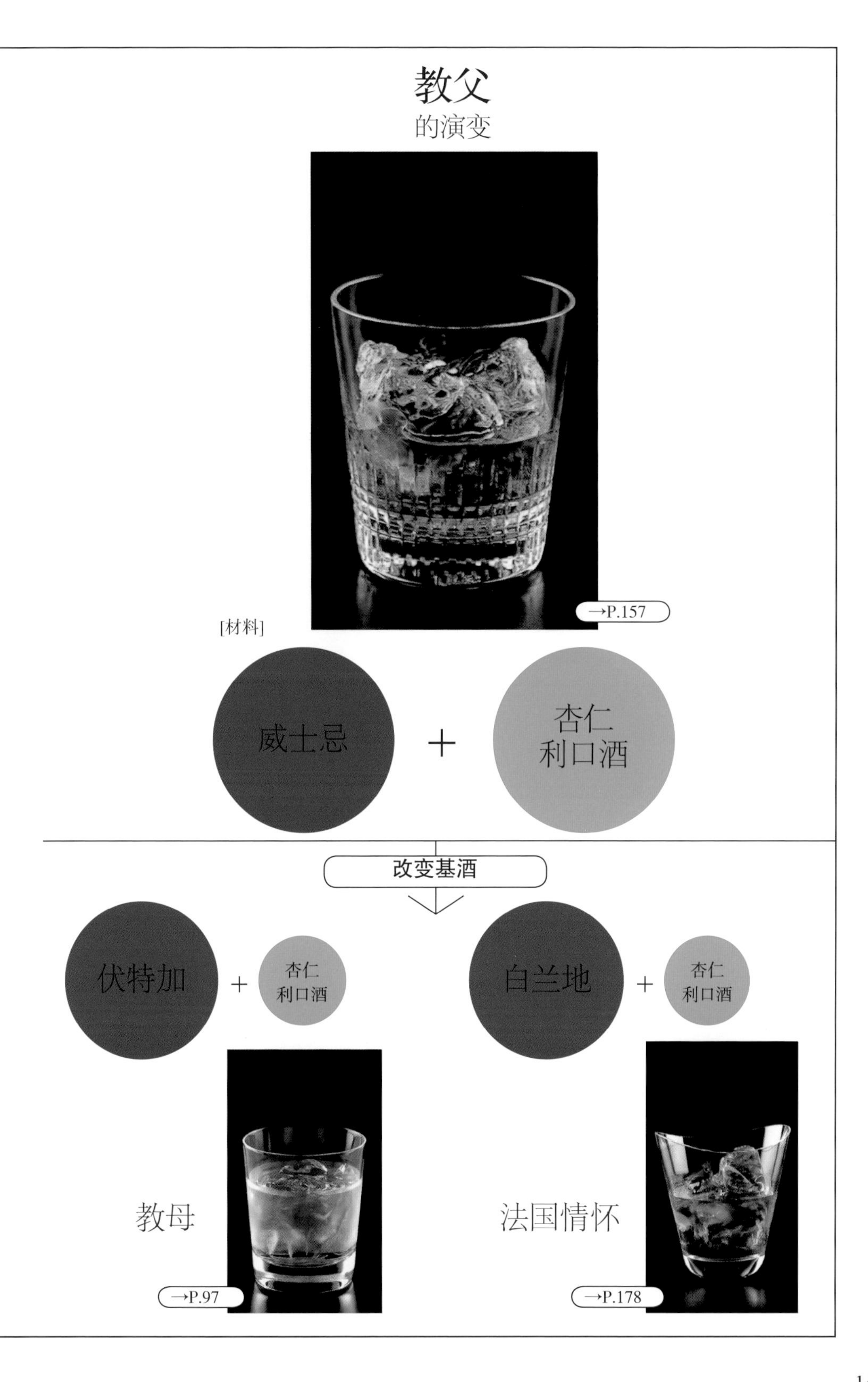
教父
的演变
→P.157
[材料]
威士忌
+
杏仁
利口酒
改变基酒
伏特加
+
杏仁
利口酒
白兰地
+
杏仁
利口酒
教母
→P.97
法国情怀
→P.178

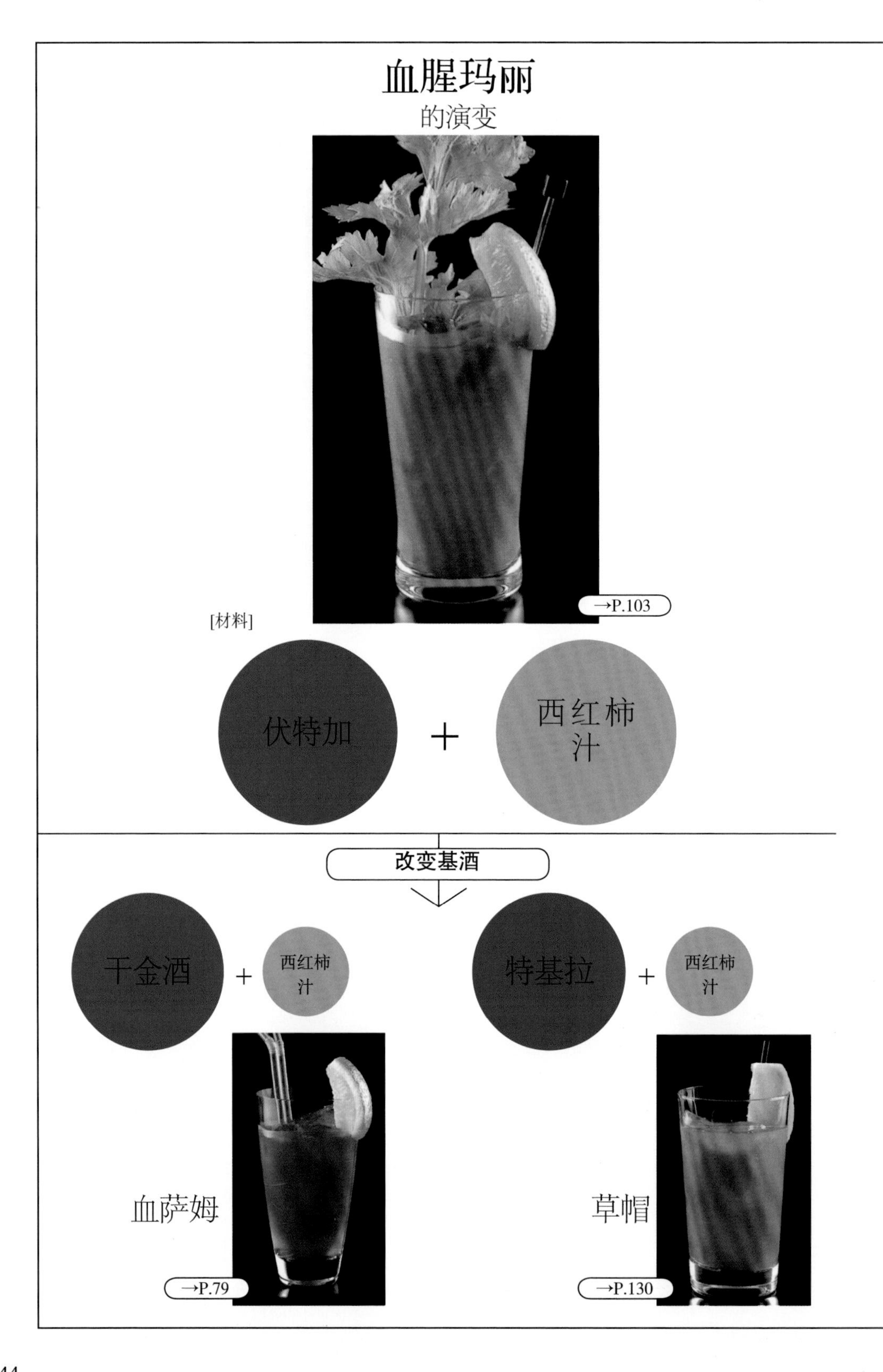
血腥玛丽
的演变
→P.103
[材料]
伏特加
+
西红柿汁
改变基酒
干金酒
+
西红柿汁
特基拉
+
西红柿汁
血萨姆
→P.79
草帽
→P.130

亚历山大
的演变

→P.168

[材料]

白兰地 + 可可豆利口酒（褐色） + 鲜奶油

改变基酒

伏特加 + 可可豆利口酒 + 鲜奶油

芭芭拉

→P.100

干金酒 + 可可豆利口酒 + 鲜奶油

玛丽公主

→P.80

曼哈顿
的演变

→P.165

改变基酒

[材料]

＋

味美思
（甜）

改变味美思（甜）

味美思
（干）

＋

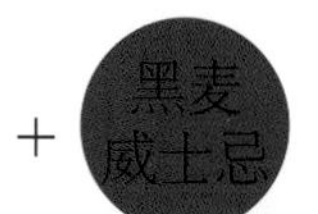

味美思酒
（甜+干）

＋

曼哈顿
（干）

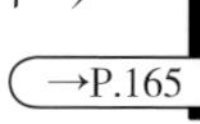
→P.165

曼哈顿
（中性）

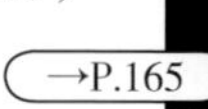
→P.165

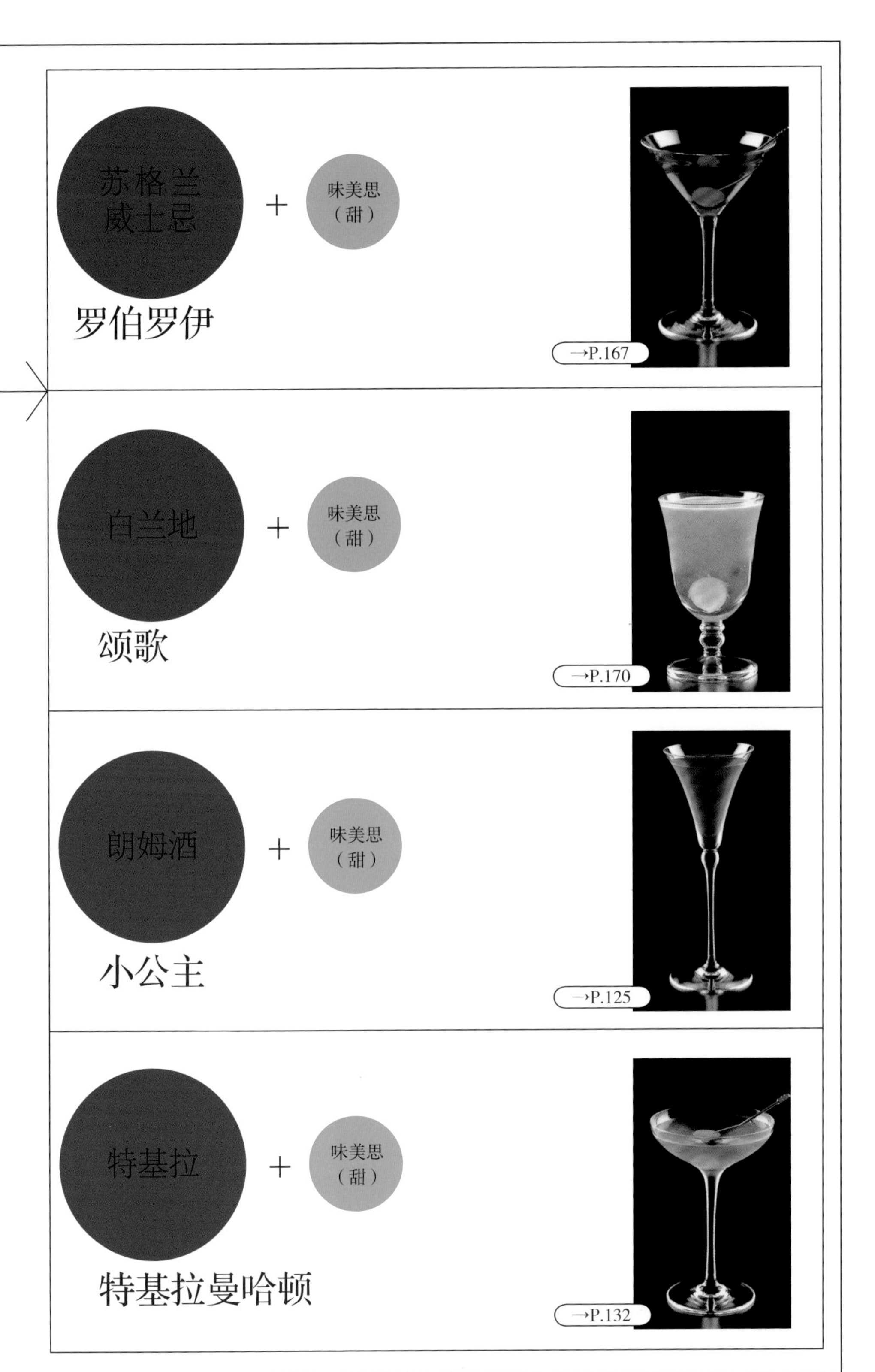
苏格兰威士忌
+
味美思（甜）
罗伯罗伊
→P.167
白兰地
+
味美思（甜）
颂歌
→P.170
朗姆酒
+
味美思（甜）
小公主
→P.125
特基拉
+
味美思（甜）
特基拉曼哈顿
→P.132

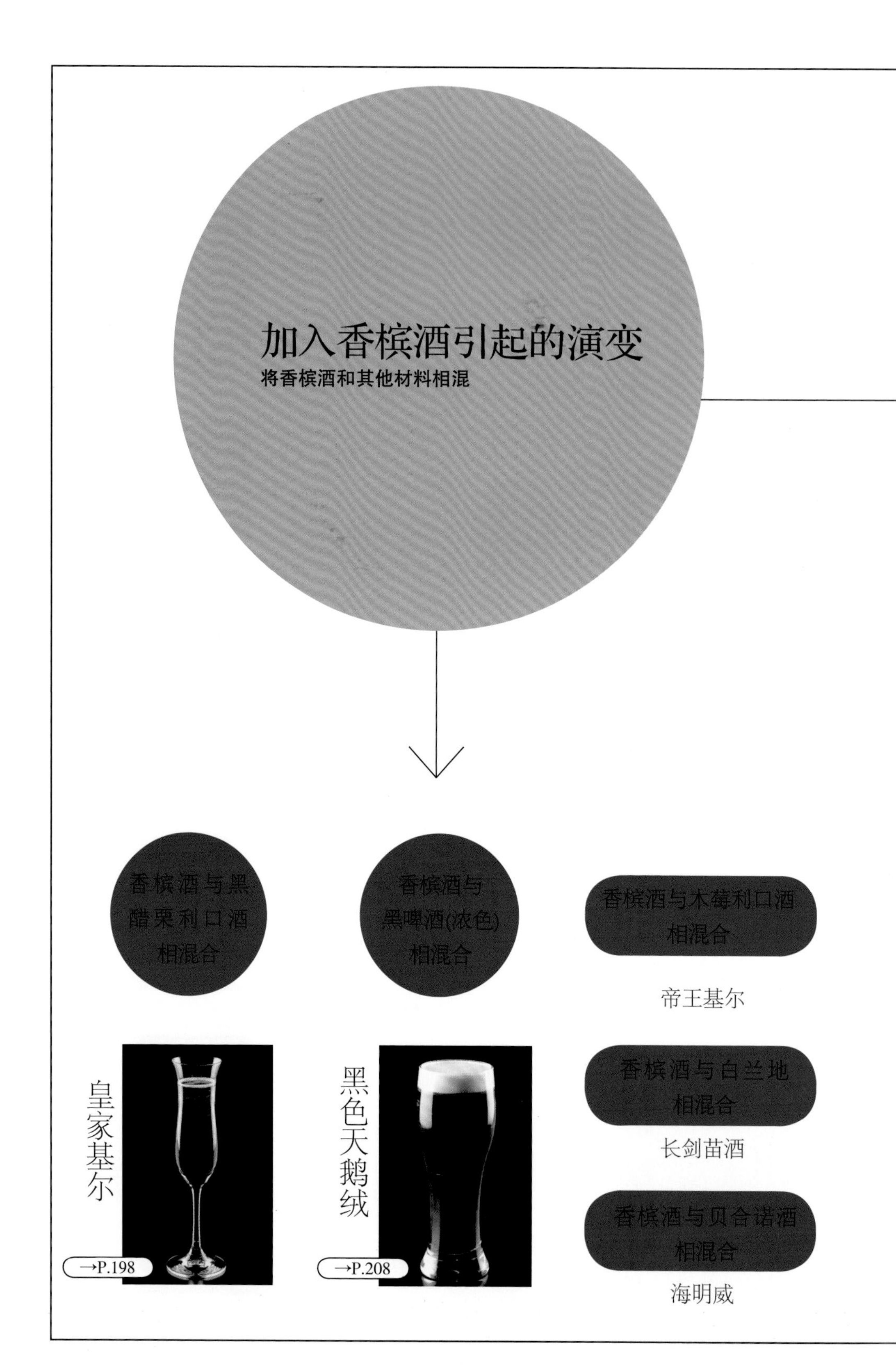

加入香槟酒引起的演变
将香槟酒和其他材料相混
香槟酒与黑醋栗利口酒相混合
香槟酒与黑啤酒(浓色)相混合
香槟酒与木莓利口酒相混合
帝王基尔
皇家基尔
→P.198
黑色天鹅绒
→P.208
香槟酒与白兰地相混合
长剑苗酒
香槟酒与贝合诺酒相混合
海明威

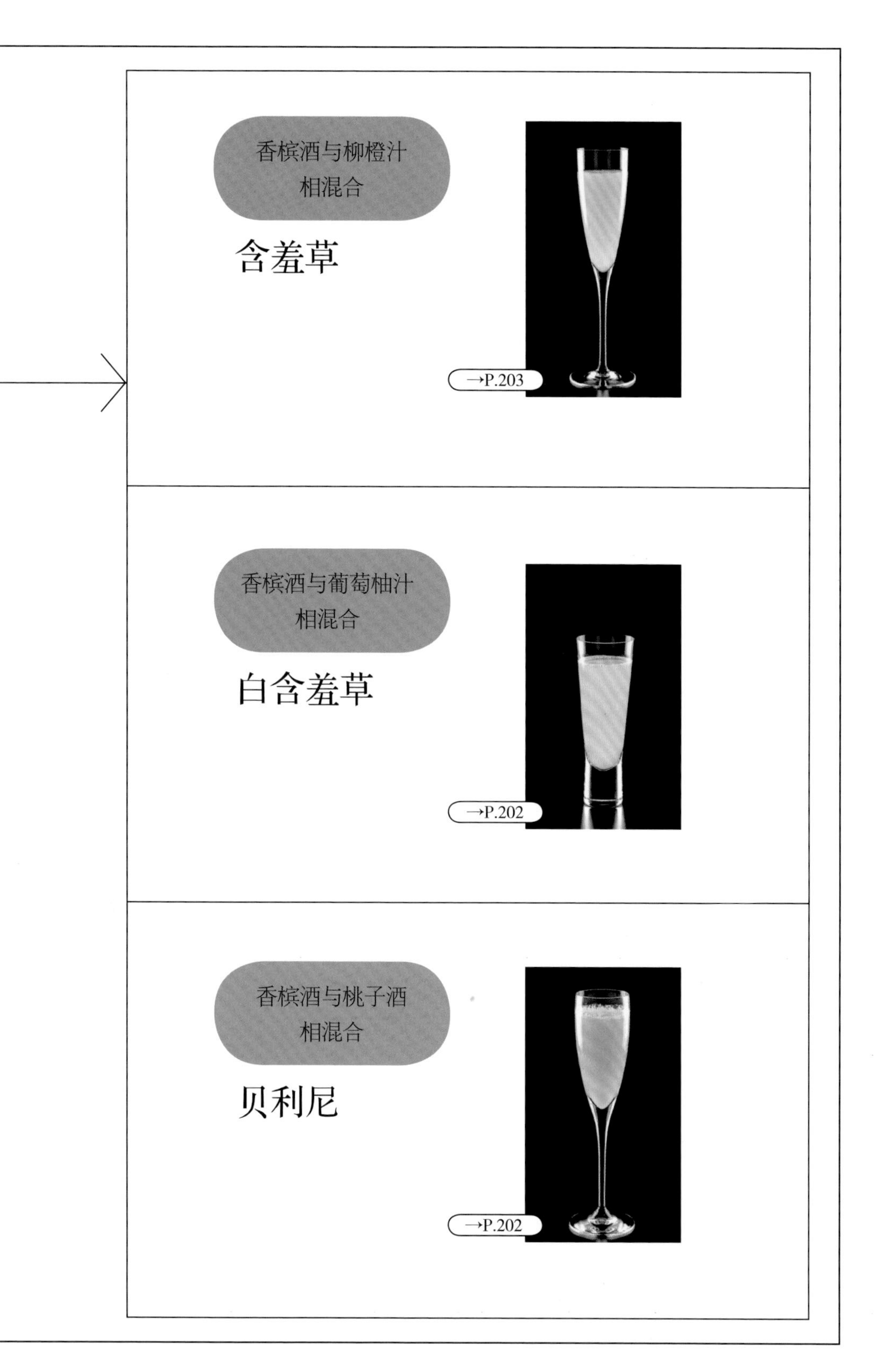
香槟酒与柳橙汁
相混合
含羞草
→P.203
香槟酒与葡萄柚汁
相混合
白含羞草
→P.202
香槟酒与桃子酒
相混合
贝利尼
→P.202

基酒之威士忌

Whisky Base Cocktails

用作基酒的威士忌是以数种精选酒品为原料酿成的。既清爽可口又有悠久历史的原产鸡尾酒数不胜数。

Irish Coffee

爱尔兰咖啡

10度　中口　兑和法

这款以爱尔兰威士忌作基酒的鸡尾酒是热饮的鼻祖。制作这款酒品时，如果原材料中使用的不是纯鲜奶油，那么也可以在不加冰块的摇酒壶内进行搅拌。

爱尔兰威士忌……………………………30毫升
砂糖………………………………………1茶匙
浓热咖啡…………………………………适量
鲜奶油……………………………………适量

将砂糖放入加热过的葡萄酒杯或咖啡杯内，倒入热咖啡，再注入威士忌并轻轻地搅拌。最后让纯鲜奶油缓慢地悬浮上来。

Affinity

亲密关系

20度 中口 摇和法

“Affinity”是“婚姻关系”或“亲密关系”的意思。这款鸡尾酒使用英国产的苏格兰威士忌、法国产的干味美思和意大利产的甜味美思加以调制，它象征着英法意这三个国家友好地交往。

苏格兰威士忌……… 20毫升
干味美思…………… 20毫升
甜味美思…………… 20毫升
安哥斯特拉苦精酒…… 2点

将原材料摇匀后，倒入鸡尾酒杯中。

Alphonso Capone

阿方索·卡波奈

26度 中口 摇和法

这款鸡尾酒是1996年“HBA/JW&S公司联合举办的鸡尾酒大赛”上的冠军作品。它的创造者是金海常昭。这款鸡尾酒是用美国禁酒时代的强盗头目阿尔·卡普内的名字命名的，带有奶油口味和水果风味。

沾边波本威士忌…… 25毫升
格林曼聂酒………… 15毫升
甜瓜利口酒………… 10毫升
鲜奶油……………… 10毫升

将原材料充分摇匀后，倒入鸡尾酒杯内。

Ink Street

墨水大街

15度 中口 摇和法

这是一款以美国产的黑麦威士忌为基酒的、口味清淡的鸡尾酒。这款鸡尾酒中调入了大量的柳橙汁和柠檬汁，酸味适中，十分容易饮用。

黑麦威士忌………… 30毫升
柳橙汁……………… 15毫升
柠檬汁……………… 15毫升

将原材料摇匀后，倒入鸡尾酒杯内。

Imperial Fizz
帝王菲士

17度　中口　摇和法

这是一款菲士风格（第232页）的鸡尾酒。这款饮品将威士忌和白朗姆酒调制在一起，口感清凉畅快。

威士忌……………… 45毫升
白朗姆酒…………… 15毫升
柠檬汁……………… 20毫升
砂糖（糖浆）…… 1～2茶匙
苏打水………………… 适量

将苏打水以外的原材料摇匀后，倒入盛有冰块的酒杯内，用冰凉的苏打水注满酒杯并轻轻地搅拌。

Whisky Cocktail
威士忌鸡尾酒

37度　中口　调和法

这是一款在威士忌中加入了苦精酒的苦味和糖浆的甜味后调制而成的正宗的鸡尾酒。在制作这款酒品时，多使用苏格兰威士忌、黑麦威士忌或沾边波本威士忌等威士忌作为基酒。

威士忌……………… 60毫升
安哥斯特拉苦精酒…… 1点
糖浆…………………… 1点

将原材料用混合杯搅拌后，倒入鸡尾酒杯内。

Whisky Sour
威士忌酸味鸡尾酒

23度　中口　摇和法

“Sour”是“酸”的意思。这款鸡尾酒极具柠檬的酸味，口感清新凉爽。另外，在制作酸味鸡尾酒时，金酒、朗姆酒、特基拉酒和白兰地等也经常被用来作基酒。

威士忌……………… 45毫升
柠檬汁……………… 20毫升
砂糖（糖浆）……… 1茶匙
柳橙片、酒味樱桃… 各适量

将原材料摇匀后，倒入酸味鸡尾酒杯内，并装饰上柳橙片和酒味樱桃。

Whisky Toddy
威士忌托地

13度 中口 兑和法

这款鸡尾酒是用威士忌作基酒的、托地风格的长饮。这款用水调兑威士忌的鸡尾酒味道甜美，十分容易饮用。制作这款酒品时，如果用热水调兑的话，那就调制出“热威士忌托地（第163页）”。

威士忌………………45毫升
砂糖（糖浆）………1茶匙
水（矿泉水）…………适量
柠檬片、酸橙片……各适量

将砂糖放入酒杯中，加少量的水将其溶化，再倒入威士忌，用冰凉的水（矿泉水）将酒杯注满。您可以根据个人的喜好装饰上柠檬片和酸橙片。

Whisky Highball
威士忌海波

13度 辛口 兑和法

这款鸡尾酒是用威士忌作基酒的、海波风格的长饮，它又被称为“威士忌苏打水”。这款酒品中威士忌口味清淡，十分美味可口。

威士忌………………45毫升
苏打水…………………适量

将威士忌倒入盛有冰块的酒杯中，然后用冰凉的苏打水将酒杯注满并轻轻地搅拌。

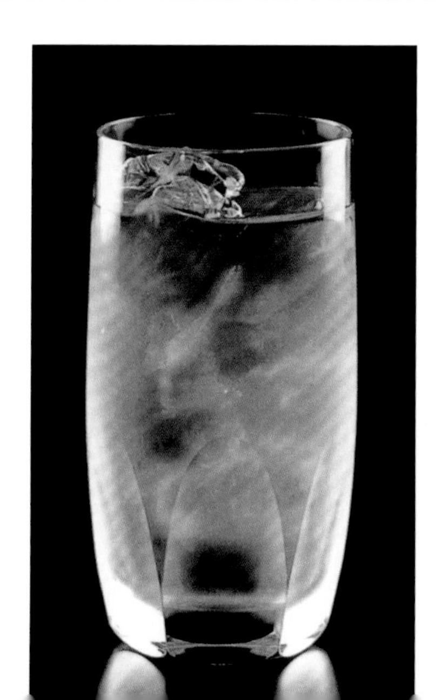

Whisky Float
悬浮式威士忌

13度 辛口 兑和法

这是一款外观漂亮、口味辛辣的鸡尾酒。这款酒品利用威士忌与矿泉水的悬殊密度差异将它们极好地隔离开。在制作这款饮品时，为了将威士忌与矿泉水完全分离开来，您最好尽可能地让威士忌缓慢地悬浮上来。

威士忌………………45毫升
水（矿泉水）…………适量

将冰凉的水（矿泉水）倒入盛有冰块的酒杯中，倒至七分满，然后使威士忌缓慢地悬浮上来。

Old Pal

老朋友

24度　中口　调和法

这款鸡尾酒名为“老朋友”或“难忘的友人”，它很早以前就为人们所熟知。它那隐约的苦味中夹杂着少许甜味，使得口感极佳。

黑麦威士忌……………………………………20毫升
干味美思………………………………………20毫升
肯巴利酒………………………………………20毫升

将原材料用混合杯搅拌后，倒入鸡尾酒杯内。

Old-Fashioned

古典酒

32度　中口　兑和法

据说这款鸡尾酒是19世纪中叶美国肯塔基州彭德尼斯俱乐部的一个调酒师发明的。在饮用这款酒品时，请一边用搅拌匙搅拌酸橙、柠檬等水果和方糖，一边根据个人爱好不分顺序地随便饮用。这款饮品虽然制作工艺简单，但它却深受鸡尾酒粉丝们的喜爱。

黑麦威士忌或沾边波本威士忌……………45毫升
安哥斯特拉苦精酒……………………………2点
方糖……………………………………………1块
柳橙片、柠檬片、酒味樱桃………………各适量

将方糖放入古典式酒杯中，并浇上安哥斯特拉苦精酒，再放入冰块，倒入威士忌，最后放进搅拌匙。您可以根据个人的喜好装饰上柳橙等水果。

Oriental
东方

25度　中口　摇和法

“Oriental”是“东方”或“东方人”的意思。这是一款口味极佳的鸡尾酒，它既有黑麦威士忌的独特风味，又融入了甜味美思的醇厚口感和柑橘系列的酸味。

黑麦威士忌………… 24毫升
甜味美思……………… 12毫升
白柑桂酒……………… 12毫升
酸橙汁………………… 12毫升

将原材料摇匀后，倒入鸡尾酒杯内。

Cowboy
牛仔

25度　中口　摇和法

这是用“牛仔”或“牧童”命名的一款鸡尾酒。虽然这款酒品运用了在沾边波本威士忌中只添加鲜奶油的简单配方，但它饮用起来却清香适口、口味醇厚。

沾边波本威士忌…… 40毫升
鲜奶油………………… 20毫升

将原材料充分摇匀后，倒入鸡尾酒杯内。

California Lemonade
加州柠檬汁

13度　中口　摇和法

这是一款清新爽口、适合夏季饮用鸡尾酒。在这款酒品中用苏打水调兑出沾边波本威士忌的香味和柠檬、酸橙的酸味。另外，石榴糖浆的清淡颜色更加衬托了这款酒品的清新感。

沾边波本威士忌…… 45毫升
柠檬汁………………… 20毫升
酸橙汁………………… 10毫升
石榴糖浆……………… 1茶匙
砂糖（糖浆）……… 1茶匙
苏打水………………… 适量
柠檬块………………… 适量

将苏打水以外的原材料摇匀后，倒入柯林杯内，用冰凉的苏打水注满酒杯并轻轻地搅拌。您可以根据个人的喜好装饰上柠檬块。

Kiss Me Quick

快吻我

24度　中口　调和法

这款鸡尾酒是1988年“苏格兰威士忌鸡尾酒大赛”上的冠军作品，它的创作者是宫尾孝宏。这款酒品洋溢着杜宝内酒和木莓利口酒的水果芳香。

苏格兰威士忌……………………………30毫升
杜宝内酒…………………………………20毫升
木莓利口酒………………………………10毫升
柠檬皮……………………………………适量

将原材料用混合杯搅拌后，倒入鸡尾酒杯内，最后拧入几滴柠檬皮汁。

Klondike Cooler

北极冰

15度　中口　兑和法

“Klodike”是19世纪末淘金热时代加拿大一座有名的金山的名字。柳橙的装饰是本款鸡尾酒的一个亮点，入喉清淡爽快，十分美味可口。

威士忌……………………………………45毫升
柳橙汁……………………………………20毫升
姜汁汽水…………………………………适量
柳橙皮……………………………………适量

将整个削成螺旋状的柳橙皮垂于酒杯中，放入冰块，倒入威士忌和柳橙汁，然后用冰凉的姜汁汽水注满酒杯后并轻轻地搅拌。

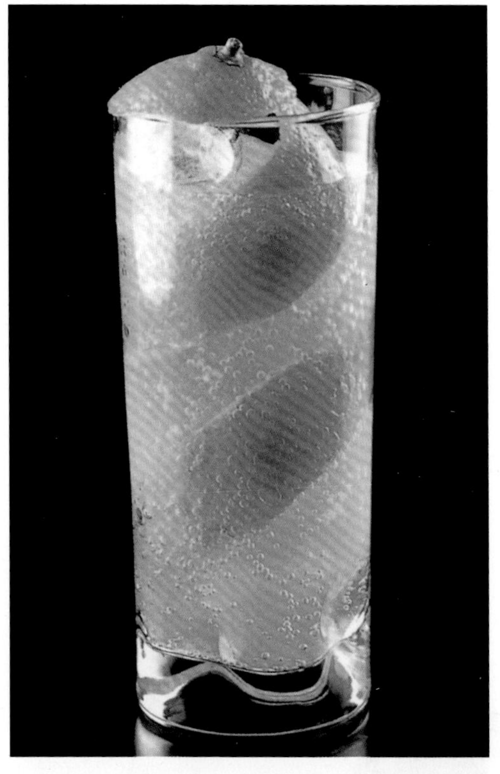

God-Father
教父

34度 中口 兑和法

这款鸡尾酒因“教父”这部电影而得名。这款酒品有着威士忌的馥郁芳香和杏仁利口酒的浓厚味道，最适合大人们饮用。

威士忌………………45毫升
杏仁利口酒…………15毫升

将原材料倒入古典式酒杯内，并轻轻地搅拌。

Commodore
船长

26度 辛口 摇和法

“Commodore”是“船长”或“提督”的意思。这是一款有着浓烈酸味、口感辛辣的鸡尾酒。这款鸡尾酒在黑麦威士忌中加入了酸橙汁，并带有柳橙苦精酒的苦香味。

黑麦威士忌…………45毫升
酸橙汁………………15毫升
柳橙苦精酒……………2点
糖浆…………………1茶匙

将原材料摇匀后，倒入鸡尾酒杯内。

Shamrock
白花酢浆草

27度 中口 摇和法

“Shamrock”是指爱尔兰的国花——“白花酢浆草”。这款风味独特的鸡尾酒是在威士忌中融入香草系列的葡萄酒和药草系列的利口酒后调制而成的。

爱尔兰威士忌………30毫升
干味美思……………30毫升
荨麻酒（黄色）………3点
绿薄荷酒………………3点

将原材料摇匀后，倒入鸡尾酒杯内。

John Collins

约翰柯林

13度　中口　兑和法

这款鸡尾酒又名“威士忌柯林”。这款酒品原本是用荷兰金酒作基酒的，但到20世纪30年代以后主要使用干金酒，现在则一般使用威士忌作基酒。

威士忌………………45毫升
柠檬汁………………20毫升
糖浆………………1～2茶匙
苏打水………………适量
柠檬片、酒味樱桃…各适量

将苏打水以外的原材料倒入盛有冰块的柯林杯内搅拌均匀后，再用冰凉的苏打水注满酒杯，并轻轻地搅拌。最后根据个人喜爱可以装饰上柠檬片和酒味樱桃。

Scotch Kilt

苏格兰短褶裙

36度　中口　调和法

“ScotchKilt”是指苏格兰的民族服饰——“男性做礼服用的短褶裙”。这是一款将苏格兰产的威士忌和利口酒调和在一起的、微带甜味的正统派鸡尾酒。

苏格兰威士忌………40毫升
苏格兰威士忌利口酒
………………………20毫升
柳橙利口酒……………2点

将原材料用混合杯搅拌后，倒入鸡尾酒杯内。

Derby Fizz

赛马会泡泡

14度　中口　摇和法

这款鸡尾酒是菲士风格的长饮，它因英国的德比竞马大赛而得名。这款酒品既含有柑橘系列的酸味，又具有蛋黄的醇厚感，饮用起来清香适口，口感润滑。

威士忌………………45毫升
柳橙柑桂酒…………1茶匙
柠檬汁………………1茶匙
砂糖（糖浆）………1茶匙
鸡蛋……………………1个
苏打水………………适量

将苏打水以外的原材料充分摇匀后倒入酒杯内，放入冰块，再用冰凉的苏打水注满酒杯，并轻轻地搅拌。

Churchill

丘吉尔

27度　中口　摇和法

这是以英国杰出的政治家、文学家“温斯顿·丘吉尔”的名字冠名的一款鸡尾酒。君度酒和甜味美思的绝妙组合，使得这款酒品略带甜味，品位高雅，香气飘溢。

苏格兰威士忌……30毫升
君度酒……10毫升
甜味美思……10毫升
酸橙汁……10毫升

将原材料摇匀后，倒入鸡尾酒杯内。

NewYork

纽约

26度　中口　摇和法

这款鸡尾酒是用美国的大都市——纽约来命名的。这款酒品将威士忌的烟熏香味和酸橙汁的酸味巧妙地搭配在一起，使得口味更加深邃。如果少放砂糖（或者不放），会相应地减轻甜度，那样也会调制出一款美味的饮品。另外，作为基酒的威士忌最好使用美国产的黑麦威士忌或沾边波本威士忌。

黑麦威士忌或沾边波本威士忌……45毫升
酸橙汁……15毫升
石榴糖浆……1/2茶匙
砂糖（糖浆）……1茶匙
柳橙皮……适量

将原材料摇匀后，倒入鸡尾酒杯内，再拧入几滴柳橙皮汁。

Bourbon & Soda
沾边波本苏打水

13度 辛口 兑和法

这是一款只用苏打水调兑沾边波本威士忌的简单制作型鸡尾酒。这款酒品加入沾边波本威士忌后，味道迥然不同，口感润滑，叫人百饮不厌。

沾边波本威士忌…… 45毫升
苏打水………………… 适量

将沾边波本威士忌倒入盛有冰块的酒杯内，再用冰凉的苏打水注满酒杯，并轻轻地搅拌。

Bourbon Buck
沾边波本霸克

14度 中口 兑和法

这款鸡尾酒是霸克风格（第231页）的长饮，它是用沾边波本威士忌作基酒的。用甜味的姜汁汽水调兑的这款鸡尾酒比用苏打水调兑的更适宜饮用。另外，制作这款酒品时，白兰地、朗姆酒和金酒等也可以用来作基酒。

沾边波本威士忌…… 45毫升
柠檬汁……………… 20毫升
姜汁汽水……………… 适量

将沾边波本威士忌和柠檬汁倒入盛有冰块的酒杯内，再用冰凉的姜汁汽水注满酒杯，并轻轻地搅拌。

Bourbon & Lime
波旁酸橙

30度 辛口 兑和法

这是一款用沾边波本威士忌作基酒，并加入新鲜酸橙的洛克风格鸡尾酒。在这款酒品中，口味浓郁的沾边波本威士忌饮用起来口感极其舒服。

沾边波本威士忌…… 45毫升
酸橙块………………… 适量

将威士忌倒入盛有冰块的古典式酒杯内，再将酸橙扭拧后放入其中并轻轻地搅拌。

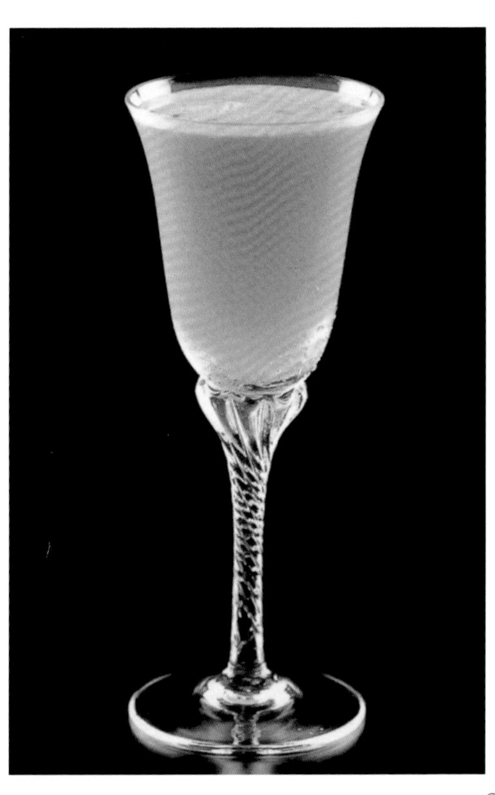

High-Hat

大礼帽

28度　中口　摇和法

“High-Hat”是一个俗语，意思是“装模作样的人”或“自吹自擂的人”。这款鸡尾酒呈水果口味，它在香味浓郁的沾边波本威士忌中加入了口感爽快、带有酸味的樱桃白兰地和葡萄柚汁。

沾边波本威士忌……40毫升
樱桃白兰地……10毫升
葡萄柚汁……10毫升
柠檬汁……1茶匙

将原材料摇匀后，倒入鸡尾酒杯内。

Highland Cooler

高地酷乐

13度　中口　摇和法

看到这款鸡尾酒，不禁会让人联想到威士忌的故乡——苏格兰北部的高地地区。苏格兰威士忌馥郁的酒香中飘溢着药草的芳香，使得这款酒品口感清爽，极易饮用。

苏格兰威士忌……45毫升
柠檬汁……15毫升
砂糖（糖浆）……1茶匙
安哥斯特拉苦精酒……2点
姜汁汽水……适量

将姜汁汽水以外的原材料充分摇匀后倒入盛有冰块的酒杯内，然后用冰凉的姜汁汽水注满酒杯，并轻轻地搅拌。

Hurricane
飓风

30度 中口 摇和法

这是一款诞生于美国的正宗派鸡尾酒。虽然本款鸡尾酒使用了威士忌和金酒这两种浓烈型烈酒，但饮完后口中却存留着薄荷酒清爽的余味。“Hurricane”是“飓风”或“台风”意思。

威士忌………………15毫升
干金酒………………15毫升
白薄荷酒……………15毫升
柠檬汁………………15毫升

将原材料摇匀后，倒入鸡尾酒杯内。

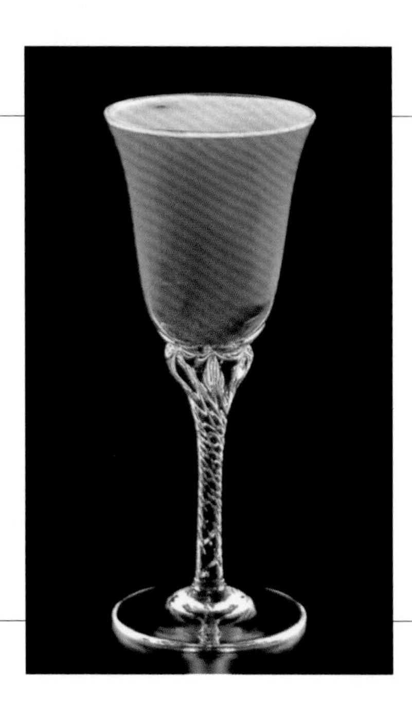

Hunter
猎人

33度 中口 摇和法

这款流传已久的鸡尾酒是用威士忌和樱桃白兰地调制而成的，它略带甜味。另外，在制作此款酒品时，并非每次都使用摇和法，调和法也经常被采用。

黑麦威士忌或沾边波本威士忌
………………………45毫升
樱桃白兰地…………15毫升

将原材料摇匀后，倒入鸡尾酒杯内。

Brooklyn
布鲁克林

30度 辛口 摇和法

“布鲁克林”是美国纽约市曼哈顿区对岸的一条街的名字。这款鸡尾酒既具有黑麦威士忌的特有风味，又具有药草系列利口酒和果实系列利口酒的芳香，口感辛辣。

黑麦威士忌…………40毫升
干味美思……………20毫升
苦味利口酒…………1点
黑樱桃酒……………1点

将原材料摇匀后，倒入鸡尾酒杯内。

Hole In One
一杆进洞

30度　辛口　摇和法

“Hole In One”是指“一杆进洞”这一高尔夫用语。由于这款鸡尾酒在威士忌和干味美思中只加入了少量的果汁，所以口味辛辣，几乎不带甜味。

威士忌……………… 40毫升
干味美思…………… 20毫升
柠檬汁………………… 2点
柳橙汁………………… 1点

将原材料摇匀后，倒入鸡尾酒杯内。

Hot Whisky Toddy
热威士忌托地

13度　中口　兑和法

这款鸡尾酒是托地风格（第231页）的热饮，它是用威士忌作基酒的。另外，在制造这种风格的鸡尾酒时，还可以用金酒、朗姆酒、特基拉酒、白兰地等作基酒。

威士忌……………… 45毫升
砂糖（糖浆）……… 1茶匙
热水…………………… 适量
柠檬片、丁香、桂枝条
…………………………… 适量

将砂糖倒入热饮用的酒杯中，然后用少量的热水将其溶化，再加入威士忌，并用热水注满酒杯。最后放入柠檬片和丁香，并装饰上桂枝条。

Bobby Burns
鲍比伯恩斯

30度　中口　调和法

由于苏格兰的国民诗人罗伯特·彭斯对威士忌爱不释手，所以就用他的名字来命名这款鸡尾酒。本款饮品使用了加香葡萄酒和具有药草香气的利口酒，所以香味怡人，口感馥郁。

苏格兰威士忌……… 40毫升
甜味美思…………… 20毫升
甜露酒……………… 1茶匙
柠檬皮………………… 适量

将原材料用混合杯搅拌后，倒入鸡尾酒杯内，并拧入几滴柠檬皮汁。

Miami Beach
迈阿密海滩

28度 中口 摇和法

这是一款口感爽快、十分美味的鸡尾酒。本款鸡尾酒有着威士忌的特有香味和干味美思的醇厚口感、浓郁香气及葡萄柚汁的怡人酸味。

威士忌……………… 35毫升
干味美思…………… 10毫升
葡萄柚汁…………… 15毫升

将原材料摇匀后，倒入鸡尾酒杯内。

Mountain
蓝山

20度 中口 摇和法

这款鸡尾酒的制作方法是先在黑麦威士忌中加入两种不同浓度和风味的味美思，再放入蛋清，这样口感柔软润滑。

黑麦威士忌………… 45毫升
干味美思…………… 10毫升
甜味美思…………… 10毫升
柠檬汁……………… 10毫升
蛋清…………………… 1个

将原材料充分摇匀后，倒入大鸡尾酒杯内。

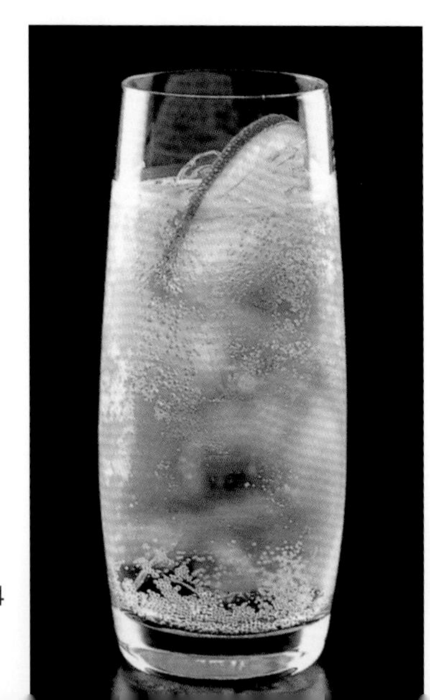

Mamie Taylor
玛密泰勒

13度 中口 兑和法

这款鸡尾酒是霸克风格（第231页）的长饮，因用苏格兰威士忌作基酒的，又名“苏格兰霸克”。这款酒品酸味怡人，十分美味可口，令人百饮不厌。

苏格兰威士忌……… 45毫升
柠檬汁……………… 20毫升
姜汁汽水……………… 适量
酸橙片………………… 适量

将威士忌和柠檬汁倒入盛有冰块的酒杯中，然后用冰凉的姜汁汽水注满酒杯并轻轻地搅拌。您可以根据个人的喜好装饰上酸橙片或柠檬片。

Manhattan
曼哈顿

32度　中口　调和法

这款鸡尾酒被誉为“鸡尾酒女王”，从19世纪中叶开始它陆续被世界各地的人们饮用。原材料中甜味美思的香甜口味使得该酒品口感极佳，因此它也深受女性们的青睐。

黑麦威士忌或沾边波本威士忌……45毫升
甜味美思……15毫升
安哥斯特拉苦精酒……1点
酒味樱桃、柠檬皮…各适量

将原材料用混合杯搅拌均匀后，倒入鸡尾酒杯内，并装饰上用鸡尾酒饰针穿的酒味樱桃，最后拧入几滴柠檬皮汁。

Manhattan（Dry）
曼哈顿（干）

35度　辛口　调和法

这款鸡尾酒是将“曼哈顿”鸡尾酒中的甜味美思换成干味美思后调制而成的。因为该酒品中威士忌所占的比例增大，所以您饮用时能品尝到口味更加清香。

黑麦威士忌或沾边波本威士忌……48毫升
干味美思……12毫升
安哥斯特拉苦精酒……1点
绿樱桃……适量

将原材料用混合杯搅拌均匀后，倒入鸡尾酒杯内，并装饰上用鸡尾酒饰针穿的绿樱桃。

Manhattan（Mediun）
曼哈顿（中性）

30度　中口　调和法

这款鸡尾酒口味介于“曼哈顿”和“曼哈顿（干）”之间，又名“完美曼哈顿”。在这款酒品的配方中，也有的不使用安哥斯特拉苦精酒，而是拧入几滴柠檬皮汁。

黑麦威士忌或沾边波本威士忌……40毫升
干味美思……10毫升
甜味美思……10毫升
安哥斯特拉苦精酒……1点
酒味樱桃……适量

将原材料用混合杯搅拌均匀后，倒入鸡尾酒杯内，并装饰上用鸡尾酒饰针穿的酒味樱桃。

Mint Cooler
薄荷酷乐

13度　辛口　兑和法

这款鸡尾酒将威士忌与薄荷酒的香气和谐地融合在一起，使得口味清新凉爽，特别适合夏季饮用。如果不放入过量的白薄荷酒，那么威士忌的风味将更加突出。

威士忌……45毫升
白薄荷酒……2～3点
苏打水……适量
薄荷叶……适量

将原材料倒入盛有冰块的酒杯内，再用冰凉的苏打水注满酒杯，并轻轻地搅拌。您可以根据个人的喜好装饰上薄荷叶。

Mint Julep
薄荷茱莉普

26度　中口　兑和法

这款鸡尾酒是茱莉普风格的长饮，它飘溢着新鲜薄荷叶的清爽香气。饮用时，请您充分搅拌直至酒杯外面挂霜，这样才更加美味。

沾边波本威士忌……60毫升
砂糖（糖浆）……2茶匙
水或苏打水……2茶匙
薄荷叶……5～6片

将威士忌以外的原材料倒入酒杯内，并一边搅拌以使砂糖溶化，一边搅入薄荷叶。然后将碎冰放入酒杯中，再倒入威士忌并充分搅拌，最后装饰上薄荷叶。

Monte Carlo
蒙特卡罗

40度 中口 摇和法

摩纳哥公国的蒙特卡罗市因举办F1大奖赛而闻名于世，这款鸡尾酒正是用这个美丽城市的名字来命名的。这款鸡尾酒既具有黑麦威士忌的浓郁口感，又具有甜露酒那甘甜高贵的药草香气。

黑麦威士忌………… 45毫升
甜露酒……………… 15毫升
安哥斯特拉苦精酒…… 2点

将原材料摇匀后，倒入鸡尾酒杯内。

Rusty Nail
生锈钉

36度 甘口 兑和法

这款鸡尾酒将酿制苏格兰皇家秘酒时制作出的苏格兰威士忌利口酒和威士忌调配在一起，使得口味甜美，芳香四溢。因为这款酒品在色泽上类似“生锈的钉子”，所以被称为“生锈钉”。

威士忌……………… 30毫升
苏格兰威士忌利口酒
……………………… 30毫升

将原材料倒入盛有冰块的古典式酒杯中并轻轻地搅拌。

Rob Roy
罗伯罗伊

32度 中口 调和法

这是将“曼哈顿（第165页）”鸡尾酒中的基酒换成苏格兰威士忌后调制而成的一款鸡尾酒。这款酒品的名字与苏格兰的一个名叫罗伯特·迈奎格，昵称为“红发罗伯特”的义士有关。

苏格兰威士忌……… 45毫升
甜味美思…………… 15毫升
安哥斯特拉苦精酒…… 1点
酒味樱桃、柠檬皮… 各适量

将原材料用混合杯搅拌均匀后，倒入鸡尾酒杯内，并装饰上用鸡尾酒饰针穿的酒味樱桃，最后拧入几滴柠檬皮汁。

基酒之白兰地

Brandy Base Cocktails

极具白兰地浓郁酒香又略带甜味的鸡尾酒很有情调，调制鸡尾酒时，请尽量选用上等白兰地。

Alexander
亚历山大

23度　甘口　摇和法

据说这款鸡尾酒深受19世纪中叶英国国王爱德华七世的王妃亚历山大的青睐。本款酒品具有奶油的口感，巧克力般的甜味。因为使用了鲜奶油，所以在摇动过程中要快速、强烈、有力。如果用伏特加代替白兰地基酒的话，那就调制出“芭芭拉（第100页）”这款鸡尾酒。

白兰地……………………………………30毫升
可可豆利口酒（褐色）……………………15毫升
鲜奶油……………………………………15毫升

将原材料充分摇匀后倒入鸡尾酒杯中。

Egg Sour

鸡蛋酸味鸡尾酒

15度　中口　摇和法

这款鸡尾酒是酸味鸡尾酒风格的长饮，它是用白兰地作基酒的。制作该款酒品时，先在白兰地中加入柑橘系列的酸味，再搅入一个鸡蛋，这种配方使得本酒品极具营养价值。

白兰地………………30毫升
柳橙柑桂酒…………20毫升
柠檬汁………………20毫升
砂糖（糖浆）………1茶匙
鸡蛋……………………1个

将原材料充分摇匀后倒入鸡尾酒杯中。

Olympic

奥林匹克

这是为纪念1900年在巴黎举行的奥林匹克运动会而特别调制的一款鸡尾酒。在芳香醇厚的白兰地中加入柳橙香味，一款水果风味、口感浓厚的鸡尾酒就呼之欲出了。

白兰地………………20毫升
柳橙柑桂酒…………20毫升
柳橙汁………………20毫升

将原材料摇匀后倒入鸡尾酒杯中。

Calvados Cocktail

苹果鸡尾酒

“Calvados”是指“以苹果为原料酿制而成的白兰地”。制作这款酒品时，在香味浓郁的苹果白兰地中融入柑橘系列的利口酒和果汁，这样使得本款鸡尾酒具有水果口味。

苹果白兰地…………20毫升
白柑桂酒……………10毫升
柳橙苦精酒…………10毫升
柳橙汁………………20毫升

将原材料摇匀后倒入鸡尾酒杯中。

Carol
颂歌

28度 中口 摇和法

“Carol”是“愉快的歌”或“颂歌”的意思。本款鸡尾酒略带甜味的口感与用白兰地作基酒的“曼哈顿（第165页）”的口味如出一辙。在制作本款酒品时，也可以不采用摇和法，而使用调和法。

白兰地……………… 40毫升
甜味美思…………… 20毫升
珍珠圆葱……………… 适量

将原材料摇匀后倒入鸡尾酒杯中。并根据个人的喜好装饰上珍珠圆葱。

Cuban Cocktail
古巴人的鸡尾酒

22度 中口 摇和法

这款鸡尾酒名为“古巴人的鸡尾酒”。本款鸡尾酒清香适口，饮用时，您可以感受到杏仁的甘甜清爽香味和白兰地的成熟味道。

白兰地……………… 30毫升
杏子白兰地………… 15毫升
酸橙汁……………… 15毫升

将原材料摇匀后倒入鸡尾酒杯中。

Classic
经典

26度 中口 摇和法

这款口感协调的鸡尾酒将白兰地的微妙口感和果实系列利口酒及柠檬汁的酸甜味巧妙地搭配在一起。另外，根据您个人的喜好，也可以不制作雪花风格。

白兰地……………… 30毫升
柳橙柑桂酒………… 10毫升
黑樱桃酒…………… 10毫升
柠檬汁……………… 10毫升
砂糖（雪花风格）…… 适量

将原材料摇匀后倒入糖口雪花风格的鸡尾酒杯中。

Corpse Reviver

死而复生

28度　中口　调和法

“Corpse Reviver”是“死而复生”的意思。这款鸡尾酒将白兰地、苹果白兰地和甜味美思调和在一起，香气怡人，口感浓郁。

白兰地………………… 30毫升
苹果白兰地………… 15毫升
甜味美思…………… 15毫升

将原材料用混合杯搅拌均匀后倒入鸡尾酒杯中。

Sidecar

边车

　中口　摇和法

第一次世界大战期间军队常用“挎斗摩托”作为交通工具,这款鸡尾酒由此而得名。本款鸡尾酒将白兰地基酒和利口酒、果汁的甜酸味绝妙地搭配在一起，使得口感协调。如果用威士忌代替白兰地基酒的话，那么就会调制出“威士忌边车”。

白兰地………………… 30毫升
白柑桂酒…………… 15毫升
柠檬汁……………… 15毫升

将原材料摇匀后倒入鸡尾酒杯中。

Chicago

芝加哥

25度　　摇和法

这款时尚的鸡尾酒在白兰地中加入甜味的柳橙柑桂酒以及苦味的安哥斯特拉苦精酒，并用香槟酒进行调兑。它那不断跃动的小细泡儿，十分优美迷人。

白兰地………………… 45毫升
柳橙柑桂酒…………… 2点
安哥斯特拉苦精酒… 约1毫升
香槟酒………………… 适量

将香槟酒以外的原材料摇匀后，倒入长笛形、糖口雪花风格的香槟酒杯中，然后用冰凉的香槟酒将酒杯注满。

Jack Rose

杰克玫瑰

20度　中口　摇和法

“Jack”是指美国产的苹果白兰地“苹果杰克”。但在日本制作这款鸡尾酒时，多使用法国产的“Calvados”（亦是苹果白兰地）。这款鸡尾酒将酸橙汁的酸味与石榴糖浆的甜味交融在一起，把苹果白兰地的幽香发挥得淋漓尽致。

苹果白兰地……30毫升
酸橙汁……15毫升
石榴糖浆……15毫升

将原材料摇匀后倒入鸡尾酒杯中。

Champs Elysees

香榭丽舍大街

这款鸡尾酒是用巴黎著名的大街来命名的。这款酒品将法国产的白兰地与药草系列的利口酒调和在一起，使得香气芬芳怡人，口感深邃微妙。

干邑白兰地……36毫升
黄色荨麻酒……12毫升
柠檬汁……12毫升
安哥斯特拉苦精酒……1点

将原材料摇匀后倒入鸡尾酒杯中。

Stinger
史丁格

32度 中口 摇和法

“Stinger”原指动植物的“针”或“刺儿”。这款鸡尾酒中薄荷酒的清凉口感突出了该饮品的刺鼻酒味，并衬托出白兰地的风味。

白兰地……………… 40毫升
白薄荷酒…………… 20毫升

将原材料摇匀后倒入鸡尾酒杯中。

Three Millers
三个磨坊主

摇和法

这是一款酒精度高、口味辛辣的鸡尾酒。这款酒品将芳香馥郁的白兰地与白朗姆酒巧妙地调和在一起，并进行轻微的着色处理，最后加入柠檬香味。

白兰地……………… 40毫升
白朗姆酒…………… 20毫升
石榴糖浆…………… 1茶匙
柠檬汁……………… 1点

将原材料摇匀后倒入鸡尾酒杯中。

Dirty Mother
坏妈妈

32度

兑和法

这款鸡尾酒将醇厚甘甜的白兰地与咖啡利口酒调和在一起，它特别适合大人们饮用。如果用伏特加替换白兰地的话，那么就会调制出“黑色俄罗斯（第102页）”这款鸡尾酒。

白兰地……………… 40毫升
咖啡利口酒………… 20毫升

将原材料倒入盛有冰块的古典式酒杯中，并轻轻地搅拌。

Cherry Blossom
樱花

28度　中口　摇和法

这是一款闻名于世的、日本产的鸡尾酒。它的创造者是横滨“巴黎”酒吧的经营者田尾多三郎。这款鸡尾酒让人如沐春风，并联想到那可爱的“盛开着的樱花”。这款饮品口味甘甜、清香适口、带有水果芳香。

白兰地………………30毫升
雪利白兰地…………30毫升
柳橙柑桂酒……………2点
石榴糖浆………………2点
柠檬汁…………………2点

将原材料摇匀后倒入鸡尾酒杯中。

Dream
梦想

33度　中口　摇和法

这款鸡尾酒将白兰地与柳橙柑桂酒巧妙地融合在一起，洋溢着香草怡人芳香，口感清凉爽快。

白兰地………………40毫升
柳橙柑桂酒…………20毫升
贝合诺酒………………1点

将原材料摇匀后倒入鸡尾酒杯中。

Nikolaschka
尼克拉斯加

40度　中口　兑和法

这款鸡尾酒产于德国汉堡，因其独特的饮用方法而知名。这款酒品的饮用方法是先将堆有砂糖的柠檬片对折，然后放入嘴中轻轻一咬，待口中充满甜味及酸味后，再一口喝下白兰地。这是一种在口中调制的鸡尾酒。

白兰地…………………适量
砂糖…………………1茶匙
柠檬片…………………1片

将白兰地倒入利口酒杯中，然后把堆有砂糖的柠檬片放在酒杯上。

Harvard
哈佛

25度　中口　调和法

这是一款略带甜味的酸味鸡尾酒，口味芳香醇厚的白兰地中飘溢着安哥斯特拉苦精酒的香草和药草的芳香。这款鸡尾酒又名“月光”。

白兰地………………30毫升
甜味美思……………30毫升
安哥斯特拉苦精酒……2滴
糖浆……………………1点

用混合杯将原材料搅拌均匀后倒入鸡尾酒杯中。

Harvard Cooler
哈佛酷乐

12度　中口　摇和法

这款鸡尾酒是以苹果白兰地做基酒的、酷乐风格（第230页）的长饮。在这款酒品中，柠檬汁的新鲜酸味与苏打水的爽快口感绝妙地融为一体，使得该酒品极易饮用。

苹果白兰地…………45毫升
柠檬汁………………20毫升
糖浆…………………1茶匙
苏打水………………适量

将苏打水以外的原材料摇匀后，倒入盛有冰块的酒杯中，然后用冰凉的苏打水将酒杯注满并轻轻地搅拌。

Honeymoon
蜜月

25度　中口　摇和法

这是一款酸甜口味的鸡尾酒，它在口感柔和、清香爽口的苹果白兰地中调入了“长寿秘酒”——甜露酒。

苹果白兰地…………20毫升
甜露酒………………20毫升
柠檬汁………………20毫升
柳橙柑桂酒……………3点

将原材料摇匀后倒入鸡尾酒杯中。

B & B

B和B

40度 中口 兑和法

“B&B”是指所用两种原材料的英文首字母。如果使用干邑白兰地做基酒的话，那么就会调制出“B&C”。这款酒品除制作成悬浮式白兰地之外，还可以将其搅拌后直接饮用，另外，还可以调制成洛克风格的鸡尾酒加以享用。

白兰地	30毫升
甜露酒	30毫升

将甜露酒倒入酒杯中，让白兰地缓慢地悬浮起来。

Between The Sheets

床和地之间

36度 中口 摇和法

这是用“床和地之间”来命名的一款鸡尾酒。白兰地融入白朗姆酒后的浓厚口味加上白柑桂酒的馥郁芳香，一款口感极佳的鸡尾酒就调制而成了。

白兰地	20毫升
白朗姆酒	20毫升
白柑桂酒	20毫升
柠檬汁	1茶匙

将原材料摇匀后倒入鸡尾酒杯中。

Brandy Egg Nogg

白兰地奶露

12度 中口 摇和法

这款鸡尾酒是以白兰地作基酒的、蛋诺风格（第230页“奶露”）的长饮。由于在这款酒品中放入了鸡蛋和牛奶，所以它作为一款具有极高营养价值的滋补型饮品。夏季可将它做成凉饮，冬季则可以做成热饮。

白兰地	30毫升
黑朗姆酒	15毫升
鸡蛋	1个
砂糖	2茶匙
牛奶	适量
豆蔻粉	适量

将牛奶以外的原材料充分摇匀后倒入酒杯中，用牛奶将酒杯注满，再放入冰块并轻轻地搅拌。您可以根据个人的喜好撒上豆蔻粉。

Brandy Cocktail
白兰地鸡尾酒

40度　辛口　调和法

这款鸡尾酒口感刺激，它在纯正的白兰地中调入白柑桂酒的高贵甜味及安哥斯特拉苦精酒的苦味。

白兰地………………60毫升
白柑桂酒………………2点
安哥斯特拉苦精酒……1点
柠檬皮…………………适量

用混合杯将原材料搅拌均匀后倒入鸡尾酒杯中，并拧入几滴柠檬皮汁。

Brandy Sour
白兰地酸味鸡尾酒

23度　中口　摇和法

“Sour”是“酸”的意思。白兰地芬芳醇厚的香气加上柠檬汁的酸味，一款爽口的正宗鸡尾酒就调制而成了。

白兰地………………45毫升
柠檬汁………………20毫升
砂糖（糖浆）………1茶匙
酸橙片、酒味樱桃…各适量

将原材料摇匀后倒入酸味鸡尾酒杯中。您可以根据个人的喜好装饰上酸橙片和酒味樱桃。

Brandy Sling
白兰地司令

14度　中口　兑和法

这款美味可口的鸡尾酒是在白兰地中加入柠檬汁的酸味和砂糖的甜味后调制而成的。

白兰地………………45毫升
柠檬汁………………20毫升
砂糖（糖浆）………1茶匙
矿泉水…………………适量

将柠檬汁和砂糖放入酒杯中，充分搅拌后倒入白兰地。然后放进冰块并用冰凉的矿泉水注满酒杯，并轻轻地搅拌。

Brandy Fix

白兰地费克斯

25度 中口 兑和法

这款鸡尾酒是用白兰地作基酒的、费克斯风格（第232页）的长饮。这款酒品飘溢着雪利白兰地的清爽香味，特别适合夏季饮用。

白兰地………………… 30毫升
雪利白兰地………… 30毫升
柠檬汁………………… 20毫升
砂糖（糖浆）……… 1茶匙
柠檬片…………………… 适量

将原材料倒入酒杯中充分搅拌后放入碎冰并缓慢地搅动。最后您可以根据个人的喜好装饰上柠檬片、放进吸管。

Brandy Milk Punch

白兰地牛奶宾治

13度 中口 摇和法

这款鸡尾酒是宾治风格的长饮，它用白兰地作基酒，并放入大量牛奶。这款酒品口感柔和，美味可口。您还可以根据个人的喜好放入磨好的豆蔻粉。

白兰地………………… 40毫升
牛奶………………… 120毫升
砂糖（糖浆）……… 1茶匙

将原材料摇匀后倒入盛有冰块的高脚酒杯内。

French Connection

法国情怀

32度 中口 兑和法

这款鸡尾酒因在纽约上映的《法国情怀》一部舞台剧而得名。在这款酒品中，杏仁利口酒的馥郁香味和白兰地的怡人芬芳恰到好处地融合在一起。

白兰地………………… 45毫升
杏仁利口酒………… 15毫升

将原材料倒入盛有冰块的古典式酒杯内，并轻轻地搅拌。

Horse's Neck
马颈

10度　中口　兑和法

这款鸡尾酒既具有柠檬的风味，又具有姜汁汽水的爽快口感。制作这种风格的鸡尾酒时，用威士忌、金酒或朗姆酒等作基酒也同样美味可口。

白兰地	45毫升
姜汁汽水	适量
柠檬皮	1个

将整个削成螺旋状的柠檬皮垂于酒杯中，放入冰块，倒入白兰地。然后用冰凉的姜汁汽水注满酒杯，并轻轻地搅拌。

Hot Brandy Egg Nogg
热白兰地奶露

15度　中口　兑和法

这是将“白兰地奶露（第176页）”加热处理的一款鸡尾酒。在制作本款酒品时，也可以用摇酒壶将鸡蛋摇至起泡。这是严寒冬日里再合适不过的一款滋补型饮品。

白兰地	30毫升
黑朗姆酒	15毫升
鸡蛋	1个
砂糖	2茶匙
牛奶	适量

将蛋白和蛋黄分开，并分别充分搅拌至起泡。然后将它们放在一起，加入砂糖，再充分搅拌至起泡，将其倒入热饮用的酒杯中。最后倒入白兰地和朗姆酒，用加热的牛奶将酒杯注满，并轻轻地搅拌。

Bombay
孟买

25度　中口　调和法

“孟买”是印度西部一个城市的名字。这款鸡尾酒在白兰地中加入味美思和贝合诺酒的香草芳香以及柳橙柑桂酒的酸味，使整款酒品微呈酸味。

白兰地	30毫升
干味美思	15毫升
甜味美思	15毫升
柳橙柑桂酒	2点
贝合诺酒	1点

将原材料用混合杯搅拌后倒入鸡尾酒杯中。

基酒之利口酒

Liqueur Base Cocktails

使用香草・药草系列、果肉系列、坚果・种子系列利口酒调制的鸡尾酒纷繁各异。

After Dinner

餐后酒

20度　甘口　摇和法

这款酒正如其名，非常适合在饭后饮用。由于它混合了两种果味利口酒，因此入口后会留下酸橙的清爽口感。

杏子白兰地……………………………………24毫升
柳橙柑桂酒……………………………………24毫升
酸橙汁…………………………………………12毫升

将原材料摇匀后，倒入鸡尾酒杯中。

Apricot Cooler
杏仁酷乐

7度　中口　摇和法

这款鸡尾酒色泽鲜亮，是由杏子白兰地和石榴糖浆调制而成的。它属于酷乐类的长饮。

杏子白兰地………… 45毫升
柠檬汁……………… 20毫升
石榴糖浆…………… 1茶匙
苏打水……………… 适量
酸橙片、酒味樱桃… 各适量

将苏打水以外的原材料摇匀后，倒入盛有冰块的酒杯中，然后用冰凉的苏打水将酒杯注满，并轻轻地搅拌。您可以根据个人的喜好装饰上酸橙片和酒味樱桃。

Amer Picon Highball
海波苦味利口酒

8度　中口　兑和法

这款鸡尾酒是用苦味利口酒作基酒的海波风格的长饮。在这款酒品中，石榴糖浆的甘甜和苦味利口酒的芳香完美地结合起来。

苦味利口酒………… 45毫升
石榴糖浆………… 约3毫升
苏打水……………… 适量
柠檬皮……………… 适量

将苦味利口酒和石榴糖浆倒入盛有冰块的酒杯中，然后用冰凉的苏打水将酒杯注满并轻轻地搅拌。最后将扭拧过的柠檬皮直接放入酒杯中。

Yellow Parrot
黄鹦鹉

30度　甘口　调和法

这款鸡尾酒是将贝合诺酒、荨麻酒（香草系列利口酒）以及富有果香的杏子白兰地混合后调制而成的，它色泽鲜亮。

杏子白兰地………… 20毫升
贝合诺酒…………… 20毫升
荨麻酒（黄色）…… 20毫升

将原材料用混合杯混合后，倒入鸡尾酒杯中。

Cacao Fizz

可可豆菲士

30度 甘口 摇和法

这款鸡尾酒使用可可豆利口酒作基酒，它属于菲士风格的长饮。它把巧克力的芳香和柠檬的果酸味很好地结合在一起。

可可豆利口酒（褐色）……………………45毫升
柠檬汁……………………………………20毫升
糖浆………………………………………1茶匙
苏打水……………………………………适量
柠檬片、酒味樱桃…………………………各适量

将苏打水以外的原材料摇匀后，倒入盛有冰块的酒杯中，然后用冰凉的苏打水将酒杯注满，并轻轻地搅拌。您可以根据个人的喜好装饰上柠檬片和酒味樱桃。

Cassis & Oolong Tea

黑醋栗乌龙

7度 中口 兑和法

这款鸡尾酒是将黑醋栗利口酒和乌龙茶混合后制作而成的。它口感清爽，很适合做餐前酒。如果把配料中的乌龙茶换成苏打水的话，那么就变成“黑醋栗苏打”。

黑醋栗利口酒………………………………45毫升
乌龙茶……………………………………适量
柠檬片……………………………………适量

将黑醋栗利口酒倒入盛有冰块的酒杯中，然后用冰凉的乌龙茶将酒杯注满，并轻轻地搅拌。您可以根据个人的喜好装饰上柠檬片。

Kahlua & Milk

卡路尔牛奶

7度 甘口 兑和法

这款鸡尾酒是用众所周知的咖啡利口酒制成的，它常年盛行。饮用这款酒品就如同在喝咖啡牛奶，它的酒精度数较低，所以非常适合女性饮用。

咖啡蜜…………30～45毫升
牛奶……………………适量

将咖啡蜜倒入盛有冰块的酒杯中，然后用冰凉的牛奶将酒杯注满，并轻轻地搅拌。

Campari & Orange

肯巴利橙汁

7度 中口 兑和法

这是一款原产于意大利的鸡尾酒。它把肯巴利酒的微苦味和柳橙汁的清爽口感完美地结合在一起，深受人们欢迎。如果把配方中的柳橙汁换成葡萄柚汁，味道也很甜美。

肯巴利酒……………45毫升
柳橙汁……………………适量
柳橙片……………………适量

将肯巴利酒倒入盛有冰块的酒杯中，然后用冰凉的柳橙汁将酒杯注满，并轻轻地搅拌。

Campari & Soda

肯巴利苏打

7度 中口 兑和法

这是一款在世界范围内流行的长饮鸡尾酒。它融合了肯巴利酒的香甜、微苦，酒液入口后清爽滑润。另外，它也可以用来做餐前酒。

肯巴利酒……………45毫升
苏打水……………………适量
柠檬片……………………适量

将肯巴利酒倒入盛有冰块的酒杯中，然后用冰凉的苏打水将酒杯注满，并轻轻地搅拌。您可以根据个人的喜好装饰上柠檬片。

King Peter
彼得王

8度 中口 兑和法

樱桃白兰地的清甜、柠檬的微酸、汤尼水的舒爽共同造就了这款口味极佳的鸡尾酒。

樱桃白兰地………… 45毫升
柠檬汁……………… 10毫升
汤尼水…………………… 适量
柠檬片、酒味樱桃… 各适量

将樱桃白兰地和柠檬汁倒入盛有冰块的酒杯中，然后用冰凉的苏打水将酒杯注满，并轻轻地搅拌。您可以根据个人的喜好装饰上柠檬片和酒味樱桃。

Crystal Harmony
和谐水晶

12度 甘口 摇和法

这款酒是1989年水蜜桃鸡尾酒大赛上出现的冠军作品。它的创制人是山野有三。这款酒品中甘甜多汁的水蜜桃与香槟酒非常相称。

桃味利口酒（水蜜桃）
……………………… 40毫升
伏特加……………… 10毫升
葡萄柚汁…………… 30毫升
樱桃白兰地………… 2茶匙
香槟酒…………………… 适量

将香槟酒以外的原材料摇匀后，倒入盛有冰块的长笛形香槟酒杯中，然后用冰凉的香槟酒将酒杯注满，并轻轻地搅拌。您可以根据个人的喜好装饰上些许鲜花。

Grasshopper
绿色蚱蜢

14度 甘口 摇和法

这是一款将薄荷和可可豆的芳香融合在一起的餐后鸡尾酒。

可可豆利口酒（白色）
……………………… 20毫升
绿薄荷酒…………… 20毫升
鲜奶油……………… 20毫升

将原材料充分摇匀后，倒入鸡尾酒杯中。

Golden Cadillac
金色卡迪拉克

16度 甘口 摇和法

这款鸡尾酒是将香草系列利口酒的加里安诺酒、带有咖啡味的可可豆利口酒混合而来的。它甘甜可口、爽润舒滑。

加里安诺酒………… 20毫升
可可豆利口酒（白色）
……………………… 20毫升
鲜奶油……………… 20毫升

将原材料充分摇匀后，倒入鸡尾酒杯中。

Golden Dream
金色梦想

16度 甘口 摇和法

这款鸡尾酒融合了紫罗兰的芳香和柳橙的清爽。它属于奶油味甘口类，特别适合在睡前饮用。

加里安诺酒………… 15毫升
白柑桂酒…………… 15毫升
柳橙汁……………… 15毫升
鲜奶油……………… 15毫升

将原材料充分摇匀后，倒入鸡尾酒杯。

St. Germain
圣日瓦曼

20度 中口 摇和法

“圣日瓦曼”是位于法国巴黎西郊的一个观光城市，这款鸡尾酒就是用这个地名命名的。由于它把拥有特殊香味的荨麻酒与果汁相混合在一起，所以口感舒爽滑润。

荨麻酒（黄色）…… 45毫升
柠檬汁……………… 20毫升
葡萄柚汁…………… 20毫升
蛋清…………………… 1个

将原材料充分摇匀后，倒入鸡尾酒杯中。

Chartreuse & Tonic
沙度士汤尼

5度 中口 兑和法

饮用完这款低酒精型鸡尾酒后，会令人心情爽快，并让人口中充满荨麻酒的独特芳香。您还可以用薄荷酒、雪利白兰地和杏仁利口酒等，如法炮制各种其他口味的利口酒。

黄色荨麻酒…… 30～45毫升
汤尼水………………… 适量
酸橙片………………… 适量

将荨麻酒倒入盛有冰块的酒杯中，然后用冰凉的苏打水将酒杯注满，并轻轻地搅拌。您可以根据个人的喜好装饰上酸橙片。

Scarlett O' Hara
郝思嘉

15度 中口 摇和法

这款鸡尾酒是用电影《飘》中女主人公的名字命名的。这款酒品在桃香味的南方安逸酒中加入了具有强烈酸味的果汁，使得饮品口味清凉。

黄色荨麻酒…… 30～45毫升
酸橙片………………… 适量

将原材料摇匀后，倒入鸡尾酒杯中。

Spumoni
斯普莫尼

5度 中口 兑和法

这款低酒精型鸡尾酒来自肯巴利酒的故乡——意大利。饮用这款酒品时那略带甜味的清淡口感让人觉得仿佛在饮用新鲜的果汁。“Spumoni”在意大利语中是“冒泡儿”的意思。

肯巴利酒…………… 30毫升
葡萄柚汁…………… 45毫升
汤尼水………………… 适量
柠檬块、绿樱桃…… 各适量

将肯巴利酒和葡萄柚汁倒入盛有冰块的酒杯中，然后用冰凉的汤尼水注满酒杯，并轻轻地搅拌。

Sloe Gin Cocktail

李子金鸡尾酒

18度　中口　调和法

这款鸡尾酒是用黑刺李杜松子酒（一种叫做黑刺李的李子酿制出的酒品），与两种不同口味的味美思调制而成的。本款饮品口感高雅、带有酸味。

黑刺李金酒	30毫升
干味美思	15毫升
甜味美思	15毫升
柠檬皮	适量

将原材料用混合杯搅拌后，倒入鸡尾酒杯中。

Sloe Gin Fizz

黑刺李金菲士

这款鸡尾酒是菲士风格的长饮，它将黑刺李杜松子酒的酸味与苏打水的爽快口感绝妙搭配在一起的。比起“可可豆菲士（第182页）”鸡尾酒，本款酒品略带甜味，更美味可口。

黑刺李金酒	45毫升
柠檬汁	20毫升
糖浆	1茶匙
苏打水	适量
柠檬块	适量

将苏打水以外的原材料摇匀后，倒入盛有冰块的酒杯中，然后用冰凉的苏打水将酒杯注满，并轻轻地搅拌。您可以根据个人的喜好装饰上柠檬块。

Cynar&Cola

西娜尔可乐

6度　甘口　兑和法

这是一款用可乐调兑西娜尔酒（其口味与青巴利酒相近）的海波风格的长饮。本款酒品的魅力在于香甜口味略带苦味。

西娜尔酒	45毫升
可乐	适量
柠檬块	适量

将西娜尔酒倒入盛有冰块的酒杯中，然后用冰凉的可乐将酒杯注满，并轻轻地搅拌。您可以根据个人的喜好装饰上柠檬块。

Charlie Chaplin
卓别林

23度　中口　摇和法

这款水果口味型鸡尾酒是将两种水果系列的利口酒调兑在一起的。本款酒品略带杏子白兰地的甜味和黑刺李金酒的酸味，口感清爽。

黑刺李金酒………… 20毫升
杏子白兰地………… 20毫升
柠檬汁………………… 20毫升

将原材料摇匀后倒入盛有冰块的古典式酒杯中。

China Blue
中国蓝

5度　中口　兑和法

这款水果口味型的鸡尾酒在相融性极好的荔枝利口酒中加入了葡萄柚汁和具有爽快口感的汤尼水。另外，酒杯中飘浮的蓝柑桂酒十分美丽。

荔枝利口酒………… 30毫升
葡萄柚汁…………… 45毫升
汤尼水……………………适量
蓝柑桂酒……………… 1茶匙

将荔枝利口酒和葡萄柚汁倒入盛有冰块的酒杯中，然后用冰凉的汤尼水将酒杯注满，并轻轻地搅拌，最后让蓝柑桂酒沉淀下来。

Disarita
迪莎莉塔

27度　中口　摇和法

这款鸡尾酒将杏仁利口酒的浓郁香味与特基拉酒特有的风味及酸橙汁的酸味调制在一起，它那甜甜的、刺激性的口味特别适合大人们饮用。

杏仁利口酒………… 30毫升
特基拉酒…………… 15毫升
酸橙汁（加糖）…… 15毫升

将原材料摇匀后倒入鸡尾酒杯中。

Discovery
发现

7度　甘口　摇和法

这是一款将鸡蛋利口酒的润滑口感与姜汁汽水的爽快口感融合在一起的鸡尾酒。本款酒品的魅力在于它那畅快的口感中带有浓郁的甜味。

鸡蛋利口酒（蛋黄酒）……45毫升
姜汁汽水……适量

将鸡蛋利口酒倒入盛有冰块的酒杯中，然后用冰凉的姜汁汽水将酒杯注满，并轻轻地搅拌。

Dita Fairy
迪塔仙女

5度　中口　摇和法

“Fairy”是“仙女”的意思。这款鸡尾酒在白朗姆酒中加入了葡萄柚汁，并使本饮品具有绿薄荷酒的清新爽快口感。

酸橙利口酒（迪塔酒）……30毫升
白朗姆酒……10毫升
绿薄荷酒……10毫升
葡萄柚汁……10毫升
汤尼水……适量
薄荷叶……适量

将汤尼水以外的原材料摇匀后，倒入盛有冰块的酒杯中，然后用冰凉的苏打水将酒杯注满，并轻轻地搅拌。您可以根据个人的喜好装饰上薄荷叶。

Violet Fizz
紫罗兰菲士

8度　中口　摇和法

饮用这款鸡尾酒时，会让人享受到紫罗兰利口酒的妖艳色彩和甜美香味。本款饮品将柠檬的酸味与苏打水的爽快口感巧妙地调和在一起，让人意想不到地口感畅快。

紫罗兰利口酒……45毫升
柠檬汁……20毫升
糖浆……1茶匙
苏打水……适量
绿樱桃……适量

将苏打水以外的原材料充分摇匀后，倒入盛有冰块的酒杯中，并用冰凉的苏打水将酒杯注满，并轻轻地搅拌。您可以根据个人的喜好装饰上绿樱桃。

Banana Bliss
香蕉布里斯

26度　甘口　兑和法

这款鸡尾酒将香蕉利口酒的浓郁甜香味与白兰地的醇厚口感搭配在一起。“Bliss”的意思是“幸福”或“天堂的喜悦”。

香蕉利口酒………… 30毫升
白兰地……………… 30毫升

将原材料倒入盛有冰块的酒杯中并轻轻地搅拌。

Valencia
瓦伦西亚

14度　甘口　摇和法

这款鸡尾酒是用著名的柳橙产地——西班牙的瓦伦西亚来命名的。本款酒品将杏子白兰地与柳橙汁绝妙地调和后，极具水果口味。

杏子白兰地………… 40毫升
柳橙汁……………… 20毫升
柳橙苦精酒……… 约4毫升

将原材料摇匀后倒入鸡尾酒杯中。

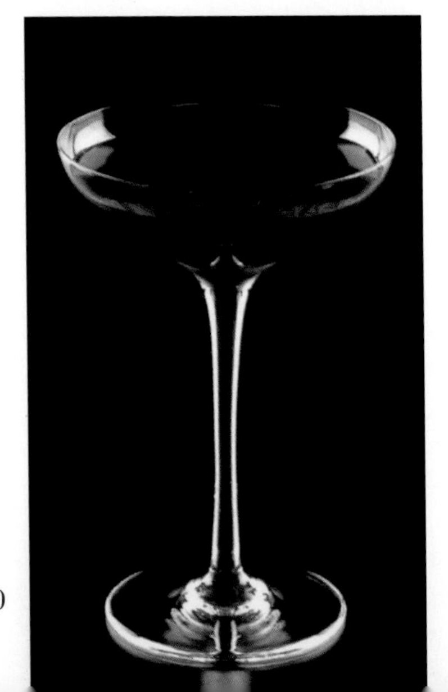

Picon Cocktail
匹康鸡尾酒

17度　甘口　调和法

这款鸡尾酒将苦味药草系列的利口酒与甜味香草系列的加香葡萄酒混合在一起，使得口味醇厚、口感高雅。

法国苦・波功（第51页）
……………………… 30毫升
甜味美思…………… 30毫升

将原材料用混合杯搅拌后倒入鸡尾酒杯中。

Ping-Pong
乒乓

29度　甘口　摇和法

这款正宗的鸡尾酒是将黑刺李金酒的酸甜味道与紫花地丁般芳香的紫罗兰利口酒混合在一起的。“Ping-Pong”是“乒乓球”的意思。

黑刺李金酒………… 30毫升
紫罗兰利口酒……… 30毫升
柠檬汁……………… 1茶匙

将原材料摇匀后倒入鸡尾酒杯中。

Fuzzy Navel
绒毛脐

8度　中口　兑和法

这是一款水果口味的鸡尾酒。在这款酒品中桃味利口酒的香甜水果味与柳橙汁的酸味搭配在一起，堪称一绝。

桃味利口酒………… 45毫升
柳橙汁……………… 适量

将桃味利口酒倒入盛有冰块的酒杯中，然后用冰凉的柳橙汁将酒杯注满，并轻轻地搅拌。

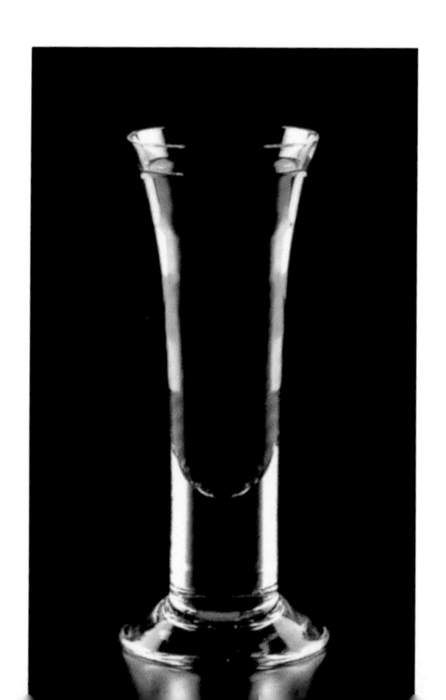

Pousse-Café
彩虹

28度　甘口　兑和法

这是一款利用各种酒品所含糖分比重不同的特性，将它们进行分层的鸡尾酒。通过改变利口酒和所调出的层数，可以调制出此种类型的、其他款式的鸡尾酒。

石榴糖浆…………… 10毫升
甜瓜利口酒………… 10毫升
蓝柑桂酒…………… 10毫升
荨麻酒（黄色）…… 10毫升
白兰地……………… 10毫升

将石榴糖浆、甜瓜利口酒、蓝柑桂酒、荨麻酒、白兰地依次倒入利口酒杯中，然后让它们缓慢地悬浮上来。

Blue Lady
蓝色佳人

16度　中口　摇和法

这是一款绝妙的、以蓝柑桂酒作主料的鸡尾酒。爽快口感的柳橙风味加上柠檬汁，并搅入蛋清，使得本款饮品口感极其柔和。

蓝柑桂酒……………… 30毫升
干金酒………………… 15毫升
柠檬汁………………… 15毫升
蛋清……………………… 1个

将原材料充分摇匀后倒入飞碟形香槟酒杯中。

Bulldog
牛头犬

25度　中口　摇和法

饮用这款鸡尾酒时，能让人直接享受到雪利白兰地的清爽香味与酸甜口味。本款酒品中淡淡的酸味与甜味调和了少许的苦，饮用起来十分美味可口。

雪利白兰地………… 30毫升
白朗姆酒…………… 20毫升
酸橙汁……………… 10毫升

将原材料摇匀后倒入鸡尾酒杯中。

Velvet Hammer
万维汉莫

16度　甘口　摇和法

这款甜口鸡尾酒将柳橙风味的白柑桂酒与以蓝山咖啡为原料酿制而成的添万利调和在一起。由于本款酒品饮用起来口感如同触摸天鹅绒般柔和，所以用“万维汉莫”来命名。

白柑桂酒……………… 20毫升
添万利（咖啡利口酒）
………………………… 20毫升
鲜奶油………………… 20毫升

将原材料摇匀后倒入鸡尾酒杯中。

Boccie Ball
布希球

6度　中口　兑和法

这款口感柔和的鸡尾酒在柳橙汁的爽快口感中融入了杏仁利口酒的浓郁香味。

杏仁利口酒………… 30毫升
柳橙汁……………… 30毫升
苏打水……………… 适量
柳橙片、酒味樱桃… 各适量

将杏仁利口酒和柳橙汁倒入盛有冰块的酒杯中，然后用冰凉的苏打水将酒杯注满，并轻轻地搅拌。您可以根据个人的喜好装饰上柳橙片和酒味樱桃。

Hot Campari
热肯巴利酒

10度　中口　摇和法

这是一款用意大利利口酒（其因淡淡的苦味而深受欢迎）调制而成的鸡尾酒。饮用这款酒品时，您能品味到肯巴利酒的淡淡苦味、酸味、甜味等多种味道。

肯巴利酒…………… 40毫升
柠檬汁……………… 1茶匙
蜂蜜………………… 1茶匙
热水………………… 适量

将原材料倒入热饮用的酒杯中，并轻轻地搅拌。

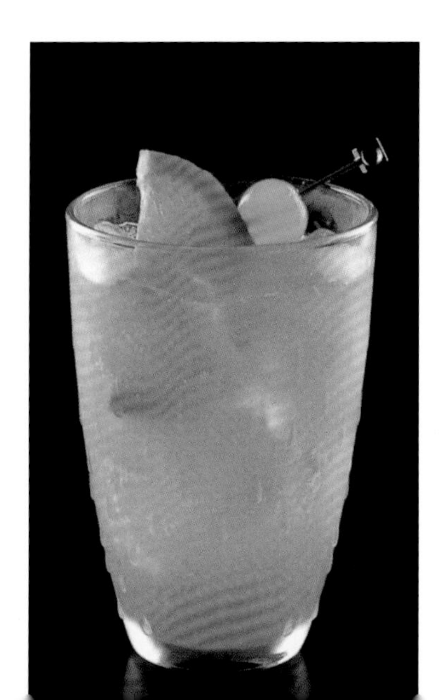

Bohemian Dream
波西米亚狂想

18度　中口　摇和法

这是一款将杏味利口酒的甜爽香味与柑橘系列果汁的酸味调和在一起的、美味可口的鸡尾酒。

杏仁白兰地………… 15毫升
柳橙汁……………… 30毫升
柠檬汁……………… 1茶匙
石榴糖浆…………… 2茶匙
苏打水……………… 适量
柳橙片、绿樱桃…… 各适量

将苏打水以外的原材料摇匀后倒入酒杯中，然后用冰凉的苏打水将酒杯注满。您可以根据个人的喜好装饰上柳橙片和绿樱桃。

Mint Frappe
薄荷佛莱培

17度 甘口 兑和法

这是一款只使用绿薄荷酒调制的、佛莱培风格（第232页）的正宗派鸡尾酒。另外，并不仅限于绿薄荷酒，几乎所有的利口酒都可以用来调制佛莱培风格的鸡尾酒。

绿薄荷酒…………… 45毫升
薄荷叶………………… 适量

在飞碟形香槟酒杯或大鸡尾酒杯中盛满碎冰，然后倒入绿薄荷酒，最后装饰上薄荷叶。

Melon Ball
甜瓜球

19度 甘口 兑和法

这是使用甜瓜利口酒调制的、最具代表性的一款鸡尾酒。本款酒品中甜瓜利口酒的丰富口味和柳橙的酸甜味恰到好处地搭配在一起。

甜瓜利口酒………… 60毫升
伏特加……………… 30毫升
柳橙汁……………… 60毫升
柳橙片………………… 适量

将甜瓜利口酒和伏特加倒入盛有碎冰的酒杯中，然后用冰凉的柳橙汁将酒杯注满，并轻轻地搅拌。您可以根据个人的喜好装饰上柳橙片。

Melon&Mik
甜瓜牛奶

7度 甘口 兑和法

这款鸡尾酒与“卡路尔牛奶（第183页）”只是在使用的基酒上不同而已。使用牛奶调制的饮品除本款酒品之外，还有可可豆利口酒、薄荷利口酒、杏仁利口酒、荔枝利口酒等。

甜瓜利口酒…… 30～45毫升
牛奶…………………… 适量

将甜瓜利口酒倒入盛有冰块的酒杯中，然后用冰凉的牛奶将酒杯注满，并轻轻地搅拌。

Litchi&Grapefruit

荔枝与葡萄柚

5度　中口　兑和法

这款鸡尾酒将荔枝利口酒的甜水果味与葡萄柚汁的弱苦味巧妙地搭配在一起。

荔枝利口酒………… 45毫升
葡萄柚汁……………… 适量
绿樱桃………………… 适量

将荔枝利口酒倒入盛有冰块的酒杯中，然后用冰凉的葡萄柚汁将酒杯注满，并轻轻地搅拌。您可以根据个人的喜好装饰上绿樱桃。

Ruby Fizz

红宝石菲士

8度　中口　摇和法

这是一款让人联想到红宝石的、菲士风格的长饮。本款鸡尾酒带有黑刺李杜松子酒那清香宜人的酸甜味。

黑刺李杜松子酒…… 45毫升
柠檬汁……………… 20毫升
石榴糖浆…………… 1茶匙
砂糖（糖浆）……… 1茶匙
蛋清………………… 1个
苏打水……………… 适量

将苏打水以外的原材料充分摇匀后，倒入盛有冰块的酒杯中，然后用冰凉的苏打水将酒杯注满，并轻轻地搅拌。

Rhett Butler

莱特男管家

25度　甘口　摇和法

这款饮品既具有南方安逸酒的清爽甜味，又隐约带有柑橘系列果汁的淡淡酸味。

南方安逸酒………… 20毫升
柳橙柑桂酒………… 20毫升
酸橙汁……………… 10毫升
柠檬汁……………… 10毫升

将原材料摇匀后，倒入鸡尾酒杯中。

基酒之葡萄酒&香槟酒

Wine & Champagne Base Cocktails

具有多种葡萄酒口味的鸡尾酒不胜枚举。用葡萄酒及香槟酒作基酒的鸡尾酒大多酒精度低而又清爽可口。

Addington

阿汀顿

14度 中口 兑和法

这是一款用苏打水调兑干、甜两种味美思的清淡型鸡尾酒。饮用这款酒品时，您能品味到将干、甜两种味道的味美思混合后的复杂口感。

干味美思……………………………………30毫升
甜味美思……………………………………30毫升
苏打水………………………………………适量
柳橙皮………………………………………适量

将味美思倒入盛有冰块的古典式酒杯中，加入少量的苏打水并轻轻地搅拌。最后拧入几滴柳橙皮汁。

Adonis
安东尼

16度　中口　调和法

这是一款颇具干雪利酒独特风味的餐前饮用型鸡尾酒。“Adonis”是指希腊神话中“维纳斯喜欢的美少年”。

干雪利酒…………… 40毫升
甜味美思…………… 20毫升
柳橙苦精酒…………… 1点

将原材料用混合杯搅拌后倒入鸡尾酒杯中。

Americano
美国佬

7度　中口　兑和法

“Amercano”在意大利语中是“美国佬”的意思。这是一款意大利产的鸡尾酒，它将肯巴利酒的隐约苦味与甜味美思的甜味恰到好处地调配在一起。

甜味美思…………… 30毫升
肯巴利酒…………… 30毫升
苏打水…………………… 适量
柠檬皮…………………… 适量

将肯巴利酒与甜味美思倒入盛有冰块的酒杯中，用冰凉的苏打水将酒杯注满并轻轻地搅拌，最后拧入几滴柠檬皮汁。

American Lemonade
美国柠檬汁

3度　中口　兑和法

这是一款让红葡萄酒悬浮在柠檬汁上的、低酒精度的鸡尾酒。饮用时，如果不搅拌而直接饮用，那么红葡萄酒与柠檬汁会自然地融合在一起。

红葡萄酒…………… 30毫升
柠檬汁……………… 40毫升
砂糖（糖浆）…… 2～3茶匙
矿泉水…………………… 适量

将柠檬汁和砂糖放入酒杯中，待砂糖充分溶化后，倒入冰块。然后用冰凉的矿泉水注满酒杯，并轻轻地搅拌。最后让冰凉的红葡萄酒缓慢地悬浮上来。

Kir
基尔

11度　中口　兑和法

这是法国勃艮第地区第茂市基尔市长发明的一款鸡尾酒。这款酒品在白葡萄酒中融入黑醋栗利口酒的甜味，使得口感高贵柔滑。该鸡尾酒最适合作餐前酒。

白葡萄酒……………………………………60毫升
黑醋栗利口酒………………………………10毫升

将冰凉的白葡萄酒和黑醋栗利口酒倒入长笛形香槟酒杯中，并轻轻地搅拌。

Kir Royal
皇家基尔

12度　中口　兑和法

这是用香槟酒（或起泡葡萄酒）代替基尔的基酒后调制而成的一款鸡尾酒。如果将黑醋栗利口酒换成木莓利口酒，那么就制作出“帝国基尔”。

香槟酒……………………………………60毫升

黑醋栗利口酒……………………………10毫升

将原材料倒入长笛形香槟酒杯（或葡萄酒杯）中，并轻轻地搅拌。

Green Land
绿地

6度 甘口 兑和法

这款鸡尾酒是1981年"三得利杯热带鸡尾酒饮品大赛"上的冠军作品。它的创造者是上田克彦。本款饮品在白葡萄酒中加入甜味的甜瓜利口酒，并具有汤尼水的爽快感，特别适合夏季饮用。

白葡萄酒……………30毫升
甜瓜利口酒…………30毫升
汤尼水…………………适量
菠萝块…………………适量

将白葡萄酒和甜瓜利口酒倒入盛有碎冰的酒杯中，然后用冰凉的汤尼水注满酒杯并轻轻地搅拌。您可以根据个人的喜好装饰上菠萝块。

Klondike Highball
克罗地克海波

7度 中口 摇和法

这款鸡尾酒是海波风格的长饮，它是用两种口味的味美思为基酒的。该饮品酸甜适中，略带香草芳香，令人心旷神怡。

干味美思……………30毫升
甜味美思……………30毫升
柠檬汁………………20毫升
砂糖（糖浆）………1茶匙
姜汁汽水………………适量
柠檬片…………………适量

将姜汁汽水以外的原材料摇匀后，倒入盛有冰块的酒杯中，然后用冰凉的姜汁汽水将酒杯注满，并轻轻地搅拌。您可以根据个人的喜好装饰上柠檬片。

Champagne Cocktail
香槟鸡尾酒

15度 中口 兑和法

在电影《卡萨布兰卡》中，亨弗莱·鲍嘉有一句台词"为你那美丽的眼睛干杯！"这款鸡尾酒因这句台词而顿刻名声大振。这款酒品中从方糖处向上冒出的气泡为人营造出一种罗曼蒂克气氛。

香槟酒……………1玻璃杯
安哥斯特拉苦精酒……1点
方糖……………………1块
柠檬皮…………………适量

将方糖放入飞碟形香槟酒杯中，淋上安哥斯特拉苦精酒。然后用冰凉的香槟酒将酒杯注满，最后拧入几滴柠檬皮汁。

Symphony
交响乐

14度 甘口 调和法

“Symphony”是“交响乐”或“调和”的意思。这是一款桃味利口酒的甜香味中带着白葡萄酒风味的、甜口水果味鸡尾酒。

白葡萄酒…………… 30毫升
桃味利口酒………… 15毫升
石榴糖浆…………… 1茶匙
糖浆………………… 2茶匙

将原材料用混合杯搅拌后倒入鸡尾酒杯中。

Spritzer
刺激

5度 中口 兑和法

“Spritzer”一词在德语中是“刺激”的意思。这是一款低酒精度的健康型鸡尾酒。本酒品中苏打水的爽快口感使得白葡萄酒更加美味可口。

白葡萄酒…………… 60毫升
苏打水……………… 适量

将冰凉的白葡萄酒倒入盛有冰块的葡萄酒杯中，再用冰凉的苏打水注满酒杯并轻轻地搅拌。

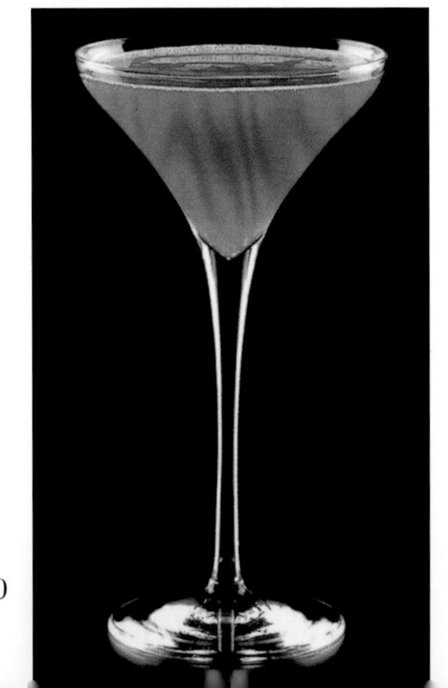

Soul Kiss
心灵之吻

13度 中口 摇和法

这是一款将杜宝内酒和两种味美思三种加香葡萄酒调和在一起的、作餐前酒饮用的鸡尾酒。这款酒品将香草系列的浓郁醇香气味与略带酸味的口感绝妙地搭配在一起。

干味美思…………… 20毫升
甜味美思…………… 20毫升
杜宝内酒…………… 10毫升
柳橙汁……………… 10毫升

将原材料摇匀后倒入鸡尾酒杯中。

Dubonnet Fizz
杜邦尼菲士

7度 中口 摇和法

这款鸡尾酒是菲士风格的长饮，它是用杜宝内酒为基酒的。该饮品将香草类和果汁的口味恰到好处地调和在一起，使得口感清新凉爽。

杜宝内酒…………… 45毫升
柳橙汁……………… 20毫升
柠檬汁……………… 10毫升
雪利白兰地………… 1茶匙
苏打水……………… 适量
柳橙片……………… 适量

将苏打水以外的原材料摇匀后，倒入盛有冰块的酒杯中，并用冰凉的苏打水将酒杯注满，并轻轻地搅拌。您可以根据个人的喜好装饰上柳橙片。

Bucks Fizz
巴克菲士

8度 中口 兑和法

这是一款将“含羞草（第203页）”鸡尾酒改为长饮风格加以享用的饮品。该饮品具有柳橙和香槟酒的水果香味，又名“香槟菲士”。

香槟酒……………… 适量
柳橙汁……………… 60毫升
柳橙片、绿樱桃…… 各适量

将冰凉的柳橙汁倒入盛有冰块的酒杯中，再用冰凉的香槟酒将酒杯注满并轻轻地搅拌。

Bamboo
竹子

16度 辛口 调和法

这款日本产的鸡尾酒将干雪利酒和干味美思两种辛辣口味的葡萄酒混合在一起，它是作餐前酒加以饮用的。

干雪利酒…………… 40毫升
干味美思…………… 20毫升
柳橙苦精酒………… 1点

将原材料用混合杯搅拌后倒入鸡尾酒杯中。

Bellini
贝利尼

9度　甘口　兑和法

1948年意大利威尼斯哈里酒吧的经营者发明了这款鸡尾酒，随后他又将该酒品推广到世界各地。这款酒品将桃子的纯正甜味与起泡葡萄酒调和在一起，堪称一绝。贝利尼是文艺复兴初期的一个画家。

起泡葡萄酒……………适量
桃子酒………………60毫升
石榴糖浆………………1点

将冰凉的桃子酒和石榴糖浆倒入长笛形香槟酒杯中，并轻轻地搅拌，然后用起泡葡萄酒注满酒杯。

White Mimosa
白含羞草

7度　中口　兑和法

这是将“含羞草”鸡尾酒中的柳橙汁换成葡萄柚汁后调制而成的一款鸡尾酒。因为本款酒品中葡萄柚汁略带苦味，所以比起“含羞草”鸡尾酒，本饮品更清凉爽快。

香槟酒…………………适量
葡萄柚汁……………60毫升

将冰凉的葡萄柚汁倒入香槟酒杯中，再用冰凉的香槟酒注满酒杯（香槟酒与葡萄柚汁的比例为1∶1）。

Mt. Fuji
富士山

19度　中口　摇和法

这款鸡尾酒是1939年在西班牙马德里市举办的“世界鸡尾酒大赛”上，日本调酒师协会的参展作品，它获得佳作一等奖。在这款酒品中甜味美思和柑橘系列的香味堪称绝佳搭配。

甜味美思……………40毫升
白朗姆酒……………20毫升
柠檬汁………………2茶匙
柳橙苦精酒……………1点

将原材料摇匀后倒入鸡尾酒杯中。

Mimosa
含羞草

7度　中口　兑和法

由于这款鸡尾酒在色泽上酷似“含羞草花朵”，所以取名为“含羞草”。这款作为餐前酒加以饮用的鸡尾酒，一直深受法国上流社会人们的喜爱。

香槟酒…………………… 适量
柳橙汁……………… 60毫升

将冰凉的柳橙汁倒入长笛形香槟酒杯中，然后用冰凉的香槟酒注满酒杯（香槟酒与柳橙汁的比例为1：1）。

Wine Cooler
葡萄酷乐

12度　中口　兑和法

这款鸡尾酒并没有固定的配方，您可以使用红色、白色或深红色的葡萄酒作基酒。凡是葡萄酒中加入果汁或清凉饮料的饮品都称为“葡萄酷乐”。

葡萄酒（红・白・深红）
………………………… 90毫升
柳橙柑桂酒………… 15毫升
柳橙汁……………… 30毫升
石榴糖浆…………… 15毫升
柳橙片……………… 适量

将冰凉的葡萄酒、柳橙汁、石榴糖浆、柳橙柑桂酒依次倒入盛有碎冰的酒杯中，并轻轻地搅拌，最后装饰上柳橙片。

Wine Float
悬浮式葡萄酒

12度　中口　摇和法

这是一款适合在集会上饮用的鸡尾酒。该酒品在荔枝和桃子两种水果口味的甜口利口酒中加入了果汁。该酒品中悬浮起来的红葡萄酒十分美丽。

红葡萄酒…………… 30毫升
荔枝利口酒………… 10毫升
桃味利口酒………… 10毫升
凤梨汁……………… 30毫升
柠檬汁……………… 1茶匙

将红葡萄酒以外的原材料摇匀后，倒入盛有1～2个冰块的飞碟形香槟酒杯中，最后让红葡萄酒缓慢地悬浮上来。

基酒之啤酒

Beer Base Cocktails

将啤酒用作基酒能够营造出多种华美氛围。请您根据想象中的作品来调配鸡尾酒的色泽和芳香，以配制出适合自己的饮品。

Campari Beer
肯巴利啤酒

9度 中口 兑和法

这是一款将啤酒和肯巴利酒的隐约苦味融合在一起的深色啤酒鸡尾酒。肯巴利酒沾上啤酒后所形成的小气泡儿十分美丽。

啤酒……………………………………………… 适量
肯巴利酒……………………………………30毫升

将肯巴利酒倒入酒杯中，用冰镇好的啤酒注满酒杯，并轻轻地搅拌。

Cranberry Beer
越橘啤酒

4度　中口　兑和法

这款鸡尾酒飘逸着水果芳香、口味清淡。这款饮品在啤酒中融入了越橘汁的酸味和石榴糖浆的甜味。

啤酒……………………………………………… 适量
越橘汁……………………………………………30毫升
石榴糖浆………………………………………… 1茶匙

将越橘汁和石榴糖浆倒入酒杯中，用冰镇好的啤酒注满酒杯，并轻轻地搅拌。

Submarino
潜水艇

25度　辛口　兑和法

这款鸡尾酒是为酒量大的人准备的，它是将特基拉酒连酒带小杯子一并沉入啤酒杯中加以饮用的。如果将特基拉酒换成威士忌，那么就制作出“炸弹”这款鸡尾酒。

啤酒……………………………………………… 适量
白特基拉酒…………………………………60毫升

将冰镇好的啤酒倒至酒杯的3/4，然后再将盛在小平底玻璃杯中的特基拉酒连酒带杯沉入啤酒杯中。

Shandy Gaff
香迪

2度　中口　兑和法

在英国酒吧里人们称这款鸡尾酒为“香迪”，这款低酒精度的酒品一直深受人们喜爱。这款酒品将姜汁汽水的独特风味与英国啤酒（英国系列的上面发酵啤酒）的苦味恰到好处地融合在一起。

英国啤酒………………1/2杯
姜汁汽水………………1/2杯

将冰镇好的啤酒和姜汁汽水倒入酒杯中，并轻轻地搅拌（啤酒与姜汁汽水的比例为1：1）。

Dog's Nose
狗鼻子

11度　辛口　兑和法

这是一款带有干金酒刺激性芳香的、辛辣口味的鸡尾酒。这款酒品看上去与普通的啤酒别无二样，但它的酒精度数相当高，口感也很浓烈。

干金酒……………… 45毫升
啤酒…………………… 适量

将干金倒入提前冰凉好的酒杯中，然后将冰镇好的啤酒倒入酒杯中，并轻轻地搅拌。

Panache
羽毛

2度　中口　兑和法

“Panache”在法语中是“混合”的意思。制作这款鸡尾酒时，在欧美主要使用柠檬水进行调兑，而在日本则多使用柠檬风味的碳酸饮料。

啤酒……………………1/2杯
柠檬水…………………1/2杯

将冰镇好的啤酒和柠檬水同时倒入提前冰镇好的大酒杯中（啤酒与柠檬水的比例为1：1）。

Beer Spritzer

啤酒妖精

9度 中口 兑和法

这款清淡型的鸡尾酒是将啤酒与白葡萄酒混合后加以饮用的，它口感爽快。为使这款饮品更加可口，您在调制时要将啤酒、白葡萄酒以及酒杯加以冰镇。

啤酒…………………………………………… 1/2杯
白葡萄酒……………………………………… 1/2杯
柠檬皮………………………………………… 适量

将白葡萄酒倒入盛有冰块的酒杯中，用冰凉的啤酒注满酒杯，并轻轻地搅拌（啤酒与白葡萄酒的比例为1：1）。您可以根据个人的喜好拧入几滴柠檬皮汁。

Peach Beer

桃子啤酒

7度 甘口 兑和法

这是一款将桃子的芳香与啤酒的酒香混合在一起的、水果口味的啤酒鸡尾酒。如果您不喜欢喝甜饮，可以酌量加入桃味利口酒和石榴糖浆。

啤酒…………………………………………… 适量
桃子利口酒………………………………… 30毫升
石榴糖浆………………………………… 1～2茶匙

将桃味利口酒和石榴糖浆倒入酒杯中，然后用冰镇好的啤酒注满酒杯，并轻轻地搅拌。

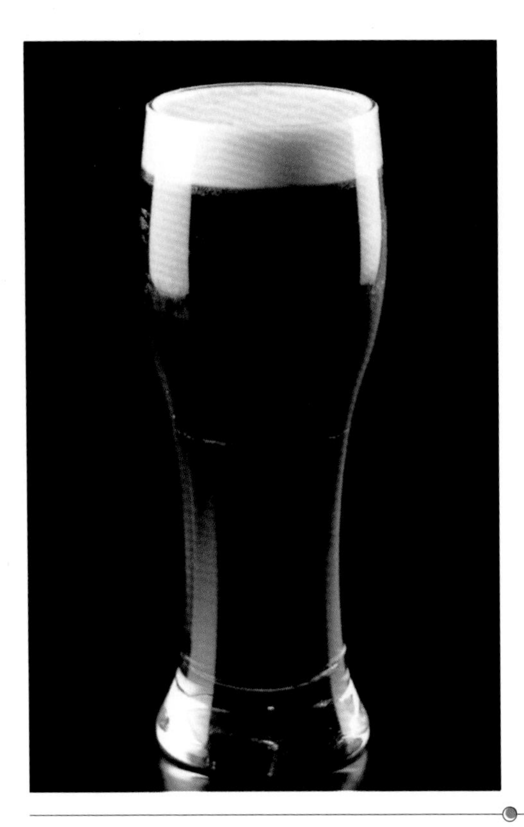

Black Velvet
黑色天鹅绒

9度　中口　兑和法

这是一款将烈性啤酒（英国产的带苦酸味的深色啤酒）与香槟酒混合在一起的、欧洲传统风味的鸡尾酒。这款酒品的特点是有天鹅绒般、奶黄色的小细泡泡。

烈性啤酒…………………………………… 1/2杯
香槟酒……………………………………… 1/2杯

> 将冰镇好的烈性啤酒和香槟酒同时倒入提前冰镇好的大酒杯中（烈性啤酒与香槟酒的比例为1：1）。

Mint Beer
米道丽啤

6度　甘口　兑和法

这是一款在啤酒中加入绿薄荷酒、具有清凉口感的鸡尾酒。薄荷的清新香气和新鲜爽快口感，使得啤酒更美味可口。您可以根据个人喜好酌量加入利口酒。

啤酒……………………………………………… 适量
绿薄荷酒…………………………………… 15毫升

> 将冰镇好的啤酒倒入酒杯中，然后加入绿薄荷酒并轻轻地搅拌。

Red Eye

红眼睛

2度　辛口　兑和法

这是一款用西红柿汁调兑啤酒的鸡尾酒。本款酒品中西红柿的酸味与啤酒的酒香融合在一起，饮用起来竟意想不到的美味可口。啤酒与西红柿汁的比例基本上为1：1，您可以根据个人喜好酌量加入。因为这款酒品的色泽酷似宿醉人的红眼睛，所以取名为红眼睛。

啤酒…………………………………………1/2杯
西红柿汁……………………………………1/2杯

将冰凉的西红柿汁倒入酒杯中，用冰镇好的啤酒注满酒杯，并轻轻地搅拌（啤酒与西红柿汁的比例为1：1）。

Red Bird

红鸟

13度　辛口　兑和法

这款鸡尾酒口味介于“红眼睛”与“血腥玛丽（第103页）”之间。您可以根据个人喜好酌量加入啤酒和伏特加。

啤酒…………………………………………适量
伏特加……………………………………45毫升
西红柿汁…………………………………60毫升
柠檬块………………………………………适量

将冰凉的伏特加和西红柿汁倒入酒杯中，然后用冰镇好的啤酒注满酒杯，并轻轻地搅拌。您可以根据个人喜好装饰上柠檬块。

基酒之烧酒

Shouchu Base Cocktails

泡盛烧酒用作基酒时能够使鸡尾酒口感更清新，使用黑糖烧酒则可以加强酒的甜度。甲醇烧酒主要用来调制清凉型的鸡尾酒。

Awamori Cocktail

泡盛鸡尾酒

15度　中口　摇和法

这款鸡尾酒中泡盛的香味和白柑桂酒的酸味绝妙地搭配在一起，并隐约地洋溢着绿薄荷酒的芳香。它的创造者是东京惠比寿鱼骨头和式饭店的经营者樱庭基成。

泡盛……………………………………20毫升
白柑桂酒………………………………20毫升
凤梨汁…………………………………20毫升
酸橙汁…………………………………1茶匙
绿薄荷酒………………………………1茶匙

将绿薄荷酒以外的原材料摇匀后倒入鸡尾酒杯中，然后让绿薄荷酒缓慢地沉淀下来。

Awamori Fizz

泡盛菲士

8度 中口 摇和法

这款鸡尾酒是以泡盛为基酒的、菲士风格的长饮。柑橘系列的酸味极好地衬托出泡盛的风味，使得本款酒品极具爽快感。

泡盛……………………………………………45毫升
柠檬汁…………………………………………20毫升
糖浆……………………………………………1茶匙
苏打水……………………………………………适量
酸橙片……………………………………………适量

将苏打水以外的原材料摇匀后倒入盛有冰块的酒杯中，然后用冰凉的苏打水注满酒杯，并轻轻地搅拌。您可以根据个人的喜好装饰上酸橙片。

Anzunchu

杏酒

18度 中口 摇和法

饮用这款鸡尾酒如同吃杏儿，又甜又酸。在这款酒品中，泡盛独特的香气和杏子白兰地的醇厚芳香绝妙地融合在一起，使得本款酒品口感清爽。它的创造者是樱庭基成。

泡盛……………………………………………20毫升
杏子白兰地……………………………………20毫升
柳橙汁…………………………………………10毫升
柠檬汁…………………………………………10毫升

将原材料摇匀后倒入鸡尾酒杯中。

Oisoju

黄瓜烧酒

10度 辛口 兑和法

这款鸡尾酒中使用的烧酒是一种深受韩国人喜爱的烧酒（其在韩语中音为soju），它的做法是在烧酒中加入黄瓜后进行饮用。加入黄瓜后，烧酒变得清香可口，并且不容易醉人。在港口一带，也有将其调制成甜瓜风味的鸡尾酒。

甲类烧酒……………………………………45毫升
苏打水（或矿泉水）……………………………适量
黄瓜条………………………………………3～4根

将烧酒倒入盛有冰块的酒杯中，然后用冰凉的苏打水（或矿泉水）注满酒杯，最后装饰上切好的黄瓜条。

Kokuto Pina

黑糖凤梨

7度 中口 摇和法

这款热带风情饮品的鸡尾酒可以称为“凤梨可乐达（第117页）”的烧酒版。柳橙汁和椰汁融化在一起，使得本款酒品既有水果香味又有奶香味，另外，加入黑糖烧酒后还带有它的酒香。它的创造者是樱庭基成。

黑糖烧酒……………………………………30毫升
柳橙汁………………………………………60毫升
椰汁…………………………………………30毫升
柳橙片、凤梨块、酒味樱桃………………各适量

将原材料摇匀后倒入盛有碎冰的大号酒杯中。您可以根据个人的喜好装饰上柳橙片、凤梨块和酒味樱桃。

Shima Caipirinha
岛国乡村姑娘

20度 中口 兑和法

这款鸡尾酒是“朗姆乡村姑娘（第123页）”的黑糖烧酒版。柑橘系列的水果酸味更加衬托出与朗姆酒相似的黑糖烧酒的风味。如果您不喜欢喝甜饮，也可以不放砂糖（糖浆）。

黑糖烧酒…………… 45毫升
柳橙片………………… 1片
酸橙片………………… 2片
柠檬片………………… 2片
砂糖（糖浆）… 1/2～1茶匙

将切成小块的水果放入酒杯中，加入砂糖并充分搅拌。然后放入碎冰，倒入黑糖烧酒并搅拌，最后放入搅拌匙。

Chu Bulldog
斗牛犬烧酒

9度 中口 兑和法

这是一款用葡萄柚汁调兑甲类烧酒的简单制作型鸡尾酒，本款酒品的口味与新鲜果汁极为相似。您也可以使用富有个性的乙类烧酒（黑糖、泡盛、麦类、薯类）来制作这款饮品。

甲类烧酒…………… 45毫升
葡萄柚汁……………… 适量
酒味樱桃、绿樱桃… 各适量

将烧酒倒入盛有冰块的酒杯中，并用冰凉的葡萄柚汁将酒杯注满，并轻轻地搅拌。您可以根据个人的喜好装饰上酒味樱桃和绿樱桃。

Lemon Chu-hai
柠檬烧酒

10度 辛口 兑和法

这是一款用苏打水调兑烧酒、极具柠檬酸味的简单制作型鸡尾酒。富含清凉口感、具有辛辣口味的本款酒品令人百饮不厌。制作本款鸡尾酒时，您可以使用甲类烧酒或乙类烧酒。

烧酒………………… 45毫升
苏打水………………… 适量
柠檬块………………… 适量

将烧酒倒入盛有冰块的酒杯中，并用冰凉的苏打水将酒杯注满，然后放入扭拧过的柠檬并轻轻地搅拌。

无酒精型鸡尾酒

Non–Alcohoric Cocktails

所有无酒精型鸡尾酒和普通的鸡尾酒一样口感鲜美、酒香浓郁。酒量小的人或不适合喝酒的日子里可以饮用这种鸡尾酒。

Cool Collins

冰果酒

0度 中口 兑和法

这是一款以柠檬汁为基酒的、柯林风格（第230页）的无酒精型鸡尾酒。如果柠檬汁是现拧的新鲜汁液的话，味道将更加鲜美。

柠檬汁…………60毫升
糖浆…………1茶匙
薄荷叶…………5~6片
苏打水…………适量

将苏打水以外的原材料倒入柯林杯中，然后搅入薄荷叶。再将冰块放入杯中并用冰凉的苏打水将酒杯注满，并轻轻地搅拌。

Saratoga Cooler
拉多加酷乐

0度　中口　兑和法

“莫斯科骡马”鸡尾酒是用伏特加作基酒调制而成的，而这款鸡尾酒是它的无酒精型版。酸橙的酸味及姜汁汽水的爽快口感使得这款酒品口感清凉、美味可口。如果您不喜欢喝甜饮，也可以不放糖浆。

酸橙汁……………………………………20毫升
糖浆……………………………………1茶匙
姜汁汽水……………………………………适量
酸橙片……………………………………适量

将酸橙汁和糖浆倒入盛有冰块的酒杯中，然后用冰凉的姜汁汽水将酒杯注满，并轻轻地搅拌。您可以根据个人的喜好放入切细的酸橙片。

Shirley Temple
秀兰邓波

0度　甘口　兑和法

这款无酒精型鸡尾酒是用20世纪30年代在美国风靡一时的童星——“秀兰·邓波”的名字命名的。在正规的配方中要像“马颈”(第179页)鸡尾酒那样，将整个削成螺旋状的柠檬皮垂于酒杯中。

石榴糖浆……………………………………20毫升
姜汁汽水……………………………………适量
柠檬块、酒味樱桃……………………………各适量

将石榴糖浆倒入盛有冰块的酒杯中，然后用冰凉的姜汁汽水将酒杯注满，并轻轻地搅拌。您可以根据个人的喜好装饰上柠檬块和酒味樱桃。

Cinderella
灰姑娘

0度　中口　摇和法

这是一款将三种果汁混合在一起的、清新爽口的无酒精型鸡尾酒。制作这款饮品时，使用摇和的方法，口感更柔和，果汁味更精湛。

柳橙汁……………………………………20毫升
柠檬汁……………………………………20毫升
凤梨汁……………………………………20毫升
酒味樱桃、薄荷叶………………………各适量

将原材料摇匀后倒入鸡尾酒杯中。您可以根据个人的喜好装饰上酒味樱桃和薄荷叶。

Virgin Breeze
纯真清风

0度　中口　摇和法

“海风”(第97页)鸡尾酒是用伏特加作基酒调制而成的，而这款鸡尾酒是它的无酒精型版。本款冷饮将两种略带甜味的果汁调和在一起，口感如清风般爽快。

葡萄柚汁…………………………………60毫升
越橘汁……………………………………30毫升

将原材料摇匀后倒入盛有冰块的大酒杯中。

Peach Melba
蜜桃冰淇淋

0度　中口　摇和法

法国餐饮界巨匠埃斯考菲曾将“蜜桃冰淇淋”甜点和一款鸡尾酒献给当时著名的女歌手普莉玛顿娜·梅露芭，于是这款鸡尾酒就使用那个甜点的名字。本款无酒精型鸡尾酒，略带桃子的甜香味，有着大人般的成熟口感。

桃子酒………………60毫升
柠檬汁………………15毫升
酸橙汁………………15毫升
石榴糖浆……………10毫升

将原材料摇匀后倒入盛有冰块的古典式酒杯中。

Pussyfoot
猫步

0度　中口　摇和法

“Pussyfoot”的原意是“像猫一样悄悄地走路”。据说这款鸡尾酒是用美国著名的禁酒运动家威廉姆·E·约翰的绰号命名的。本款酒品口味醇厚、口感柔和。

柳橙汁………………45毫升
柠檬汁………………15毫升
石榴糖浆……………1茶匙
蛋黄……………………1个

将原材料充分摇匀后倒入香槟酒杯或大号的鸡尾酒杯中。

Florida
佛罗里达

0度　中口　摇和法

这是一款美国禁酒法时代（1920—1933）诞生的无酒精型鸡尾酒。本款饮品既有柑橘系列的清凉口感，又有安哥斯特拉苦精酒的苦味。

柳橙汁………………40毫升
柠檬汁………………20毫升
砂糖（糖浆）………1茶匙
安哥斯特拉苦精酒……2点

将原材料摇匀后倒入鸡尾酒杯中。

Milk Shake
奶昔

0度 甘口 摇和法

这是一款用牛奶和鸡蛋制作的、具有怀旧口味的无酒精型鸡尾酒。调制这款饮品时，要先将鸡蛋搅好，因为那样能较好地与其他原材料融合在一起。砂糖可以根据个人喜爱酌量加入。如果能加入少量香草精汁，口味将更深邃。

牛奶…………………………………120～150毫升
鸡蛋……………………………………………1个
砂糖（糖浆）……………………………1～2茶匙

将原材料充分摇匀后倒入盛有冰块的酒杯中。

Lemonade
柠檬水

0度 中口 兑和法

这是一款酸甜可口、受人欢迎的无酒精型鸡尾酒。如果柠檬汁是现榨的新鲜汁液的话，那么味道将鲜美绝佳。如果将砂糖换成“蜂蜜”，则更具有营养价值，更清香适口。冬天倒入热水，作为热饮饮用也相当美味可口。

柠檬汁……………………………………40毫升
砂糖（糖浆）…………………………2～3茶匙
水（矿泉水）………………………………适量
柠檬片………………………………………适量

将柠檬汁和砂糖倒入酒杯中，并充分搅拌。然后将冰块放入杯中，用冰凉的水（矿泉水）将酒杯注满，并轻轻地搅拌。您可以根据个人的喜好装饰上柠檬片。

第4章

鸡尾酒的基础知识

调制鸡尾酒的必需器具

调制鸡尾酒时，应该备好调酒壶、量杯、混合杯与过滤网、吧匙这些器具。在此介绍一下其他几种需用器具。

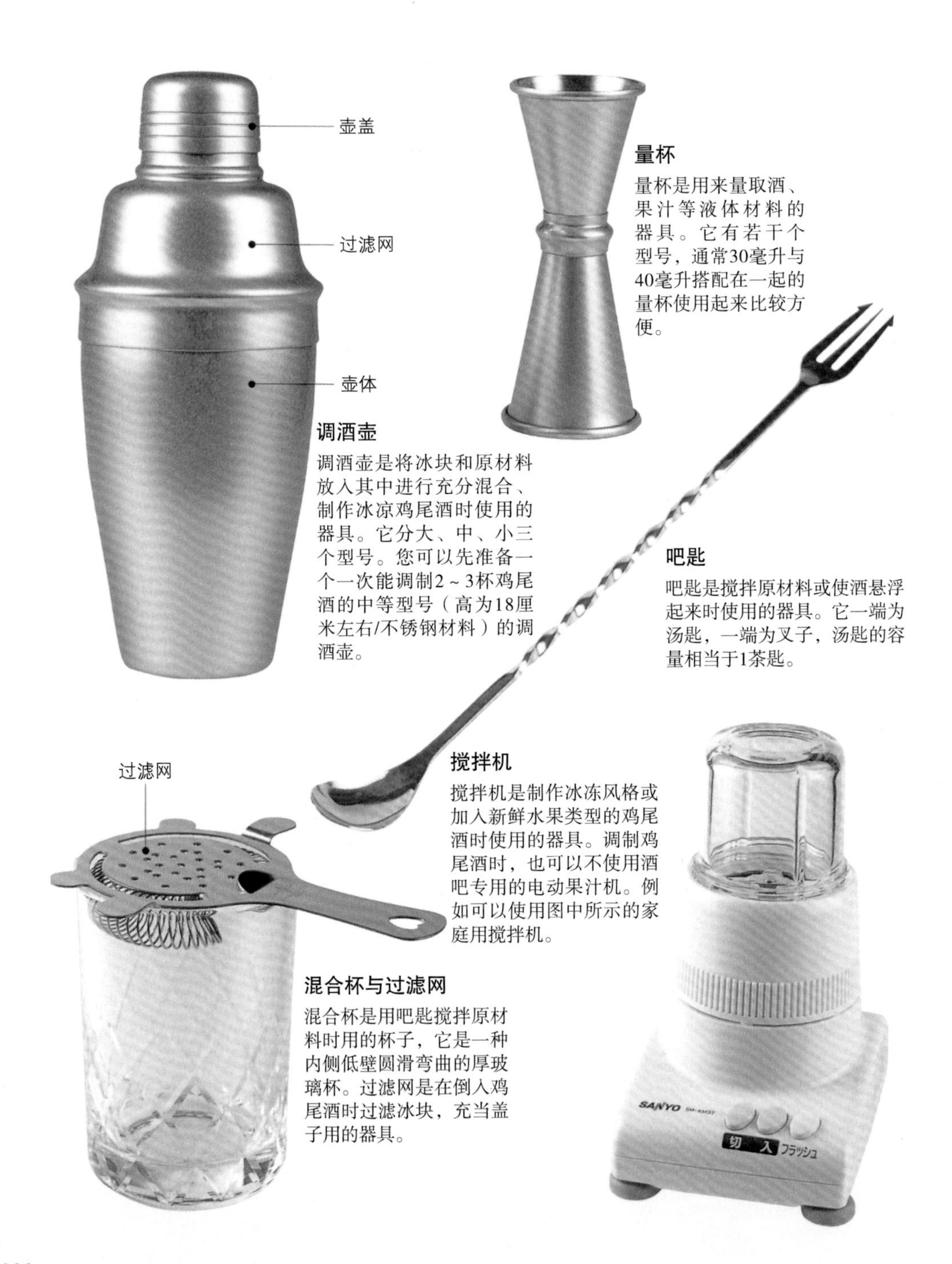

调酒壶

调酒壶是将冰块和原材料放入其中进行充分混合、制作冰凉鸡尾酒时使用的器具。它分大、中、小三个型号。您可以先准备一个一次能调制2～3杯鸡尾酒的中等型号（高为18厘米左右/不锈钢材料）的调酒壶。

量杯

量杯是用来量取酒、果汁等液体材料的器具。它有若干个型号，通常30毫升与40毫升搭配在一起的量杯使用起来比较方便。

吧匙

吧匙是搅拌原材料或使酒悬浮起来时使用的器具。它一端为汤匙，一端为叉子，汤匙的容量相当于1茶匙。

搅拌机

搅拌机是制作冰冻风格或加入新鲜水果类型的鸡尾酒时使用的器具。调制鸡尾酒时，也可以不使用酒吧专用的电动果汁机。例如可以使用图中所示的家庭用搅拌机。

混合杯与过滤网

混合杯是用吧匙搅拌原材料时用的杯子，它是一种内侧低壁圆滑弯曲的厚玻璃杯。过滤网是在倒入鸡尾酒时过滤冰块，充当盖子用的器具。

苦味瓶

苦味瓶是盛放苦精酒（第54页）的专用容器。撒出的一点容量约为1毫升（即1dash），将瓶底倒过来自然滴落的容量为1滴（即1drop）。

榨汁器

榨汁器是用来榨取酸橙、柠檬、葡萄柚、柳橙等水果果汁的器具。大型的玻璃榨汁器使用起来比较方便。

简易碎冰器

简易碎冰器是用来将冰箱内冷冻的冰块等轻易地压成碎冰的便利器具。它的使用方法是先将冰块放入容器的内侧，然后握住把手进行按压。如果没有电动碎冰器，在人少的情况下，也可以使用手动的。

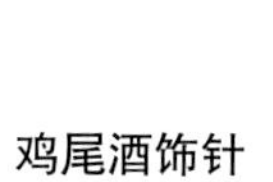

鸡尾酒饰针

鸡尾酒饰针是用来叉橄榄、酒味樱桃、水果等，作鸡尾酒装饰用。

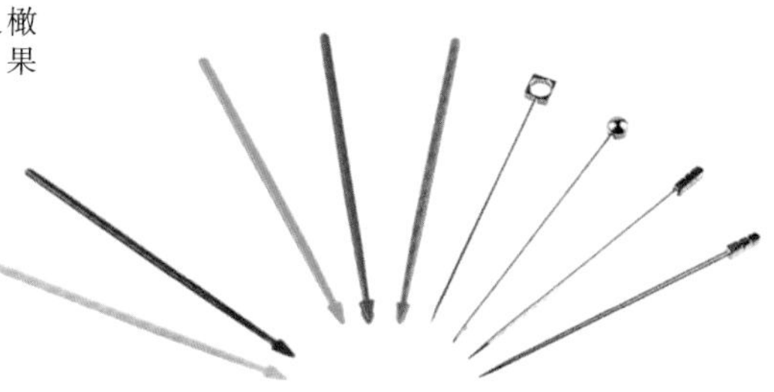

搅拌匙

搅拌鸡尾酒或鸡尾酒中的水果和砂糖时，使用搅拌匙。

吸管

饮用冰冻风格或热带风情鸡尾酒时，使用吸管。

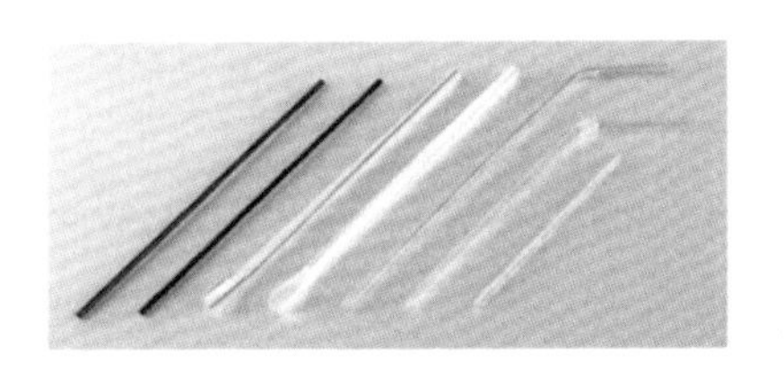

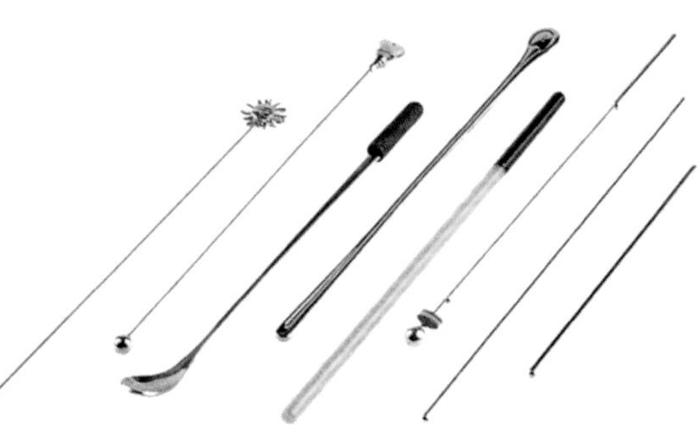

鸡尾酒的酒杯

调制鸡尾酒时，使用各种各样的酒杯，这些酒杯大致可以分为带脚形酒杯和平底形酒杯。带脚形酒杯主要用于短饮，而平底酒杯则一般用于长饮。

鸡尾酒杯

鸡尾酒杯是饮用短饮风格的鸡尾酒时使用的一种玻璃杯。这种玻璃杯款式多种多样，既有倒锐三角形形状的，也有带优美曲线形状的。通常标准容量为90毫升，也有的容量为60～150毫升。

古典式酒杯

古典式酒杯是一种矮型宽口径的玻璃杯。饮用洛克风格的鸡尾酒时使用的玻璃杯，又名“洛克杯”。古典式酒杯的容量一般为180～300毫升。

葡萄酒杯

在世界各地葡萄酒杯的大小、款式不尽相同。饮用白葡萄酒与红葡萄酒时，要使用不同的葡萄酒杯。一般说来，为了能更好地享受到葡萄酒的色香味，多使用无色透明的葡萄酒杯。葡萄酒杯的容量一般为150～300毫升。

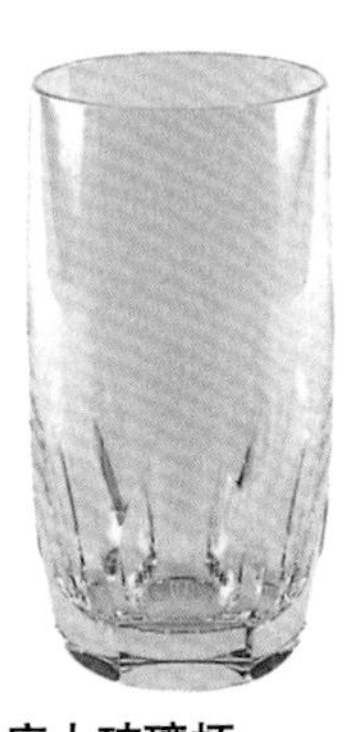

平底大玻璃杯

平底大玻璃杯又称海波杯，这种酒杯除了用来盛海波风格的鸡尾酒外，还被广泛地用来盛长饮风格的鸡尾酒。平底大玻璃杯的容量一般约为240毫升，但近几年300毫升左右的大号酒杯成为主流。

柯林杯

柯林杯是一种圆筒形、高杯身形玻璃杯，又称高玻璃杯。柯林杯杯身高、口径小，多用于盛含碳酸饮料的鸡尾酒，它的容量一般为300～360毫升。

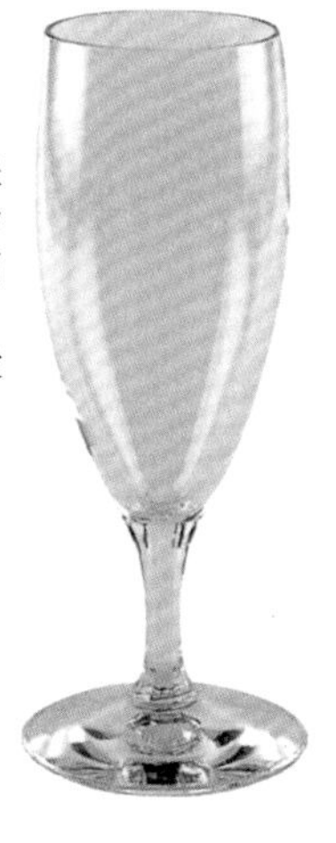

酸味鸡尾酒杯

酸味鸡尾酒杯是饮用酸味风格鸡尾酒时使用的一种玻璃杯，另外，也可以用来盛其他风格的鸡尾酒。酸味鸡尾酒杯的容量一般在120毫升左右。

高脚酒杯

饮用放入大量冰块的长饮风格等鸡尾酒时，使用高脚酒杯。高脚酒杯的标准容量为300毫升，但通常大容量的居多。

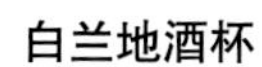

白兰地酒杯

白兰地酒杯是直接饮用白兰地时使用的郁金香型大玻璃杯。饮用热带风情饮品时，也可以使用这种酒杯。白兰地酒杯的标准容量为240～300毫升。

啤酒杯

啤酒杯主要是用来饮用啤酒鸡尾酒的玻璃杯。啤酒杯的容量多种多样，不尽相同。

雪利杯

雪利杯是指饮用雪利酒时使用的玻璃杯。除了饮用雪利酒外，饮用威士忌以及烈性酒的时候也可以使用这种酒杯。雪利杯的标准容量为60～75毫升。

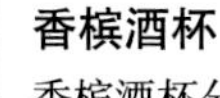

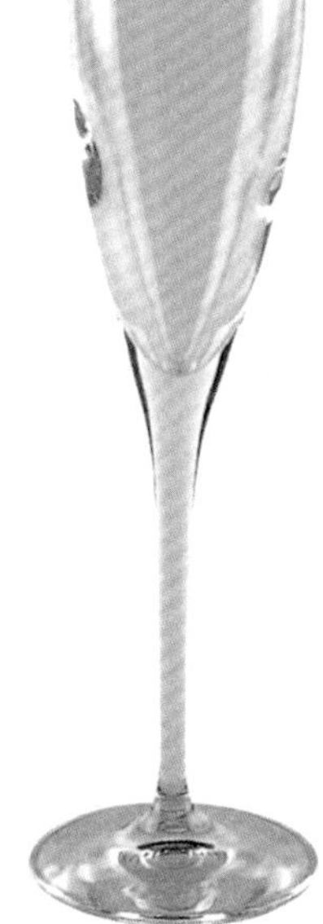

香槟酒杯

香槟酒杯分为宽口径飞碟形香槟酒杯和窄口径细杯身的长笛形香槟酒杯。这种酒杯除了可以用来盛香槟酒外，还可以用来盛各种各样的其他风格的鸡尾酒。香槟酒杯的标准容量为120毫升。

热饮用酒杯

热饮用酒杯是指带把手、能盛热水的、具有耐热性的玻璃杯。热饮用酒杯的款式多种多样。

鸡尾酒的基本技法

调制鸡尾酒时，必须掌握4种必要的基本技法。如果您掌握了这4种基本技法，就能调制出各种风格的鸡尾酒了。

量杯的计量

量杯带有上下两个大小不一的杯子，将原材料放入杯内就可以进行计量了。虽然有很多种大小不同的量杯，但备有一个标准型号（小杯30毫升+大杯45毫升）的量杯就足够了。如右图所示如果盛取15～40毫升（盛满一杯30～40毫升）之外的原材料时，不必过于局限酒杯上的刻度，可以大体估测一下分量标准。

▲有的量杯在杯内标有以10毫升为1单位的刻度线。

●量杯的分量标准

量杯的分量标准
量取10毫升时➔小1/3杯
量取15毫升时➔小1/2杯或大1/3杯
量取20毫升时➔小2/3杯或大1/2杯弱
量取30毫升时➔小1杯
量取40毫升时➔大1杯弱
量取45毫升时➔大1杯
量取50毫升时➔大1杯强

量杯的拿法

专业拿法

用中指和食指夹住量杯中间的细颈部位。这样一来，用夹着量杯空出的拇指和食指，可以进行拧瓶盖等其他操作。

稳健的拿法

用拇指和食指握住量杯中间的细颈部位。这种拿法不如左图那样美观，但感觉稳健，有安定感，在还没有熟练掌握专业持拿技法的时候，暂且可以这样拿。

兑和法
(Build)

“兑和法”是将原材料直接倒入酒杯中，并只用吧匙搅拌的简单操作技法。在使用果汁或碳酸饮料兑出长饮酒品的时候多采用这种方法。使用碳酸饮料的时候，注意不要长时间搅拌，以防气泡外溢。

吧匙的拿法

用右手的中指和无名指轻轻夹住吧匙的上部，其他手指顺势轻轻放好。

1. 在相应的酒杯中放入3～5块冰块。

2. 将用量杯量好的原材料缓慢地倒入杯中。

3. 加入大量原材料的时候，可以将原材料直接倒入杯中。

4. 将冷却好的原材料（这里指碳酸饮料）缓慢地倒入杯中。

5. 用吧匙在酒杯内沿一定方向缓缓地搅拌。果汁通常搅拌2～3圈，碳酸饮料则搅拌1～2圈即可。

调和法

(Stir)

“调和法”是将冰块和原材料放入混合杯后再用吧匙迅速搅动的技法。这种操作技法的关键是用吧匙背靠混合杯内壁沿同一方向迅速搅动。

1. 在酒杯中放入数个冰块，以便将酒杯事先冷却好。在倒入鸡尾酒之前要先倒出冰块，把水沥干。

2. 在混合杯中放入冰块至酒杯的六分之一，然后用吧匙搅拌，以便去除冰角。

3. 盖上过滤网滤掉水分后，再倒入原材料，并用吧匙背靠混合杯内壁沿同一方向搅拌15～16次。

4. 为防止冰块倒入鸡尾酒中，将混合杯盖上过滤网。

5. 用食指按住过滤网，其他手指顺势握住混合杯，将鸡尾酒缓慢地滤入事先备好的酒杯中。

“摇和法”就是用调酒壶调配原材料和冰块制作冰凉鸡尾酒的技法。采用“摇和法”手法调酒的目的有两个，一是让较难混合的原材料快速地融合在一起；二是将酒精度高的酒味压低，以便容易入口。

调酒壶的拿法

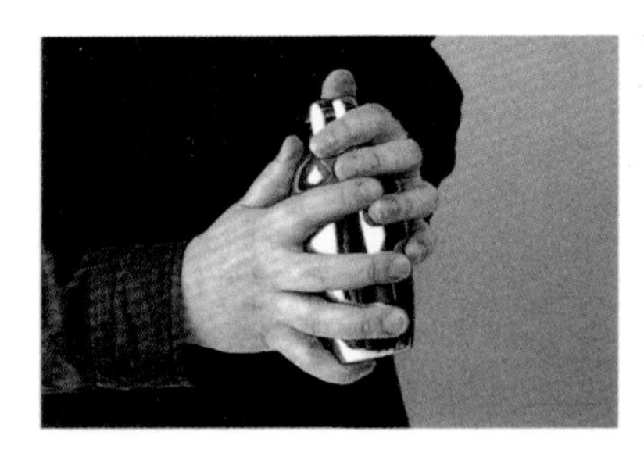

用持拿调酒壶的一只手（图中为左手）的拇指按住调酒壶的壶盖，用中指和无名指夹住壶身。用另一只手（图中为右手）的小指（或小指与无名指）支持壶体底部，其他手指顺势放好。

1. 将调酒壶中的水沥干后，放入用量杯量好的原材料。

2. 加冰块至调酒壶的8～9分满。

3. 盖上过滤网，并拧上壶盖。

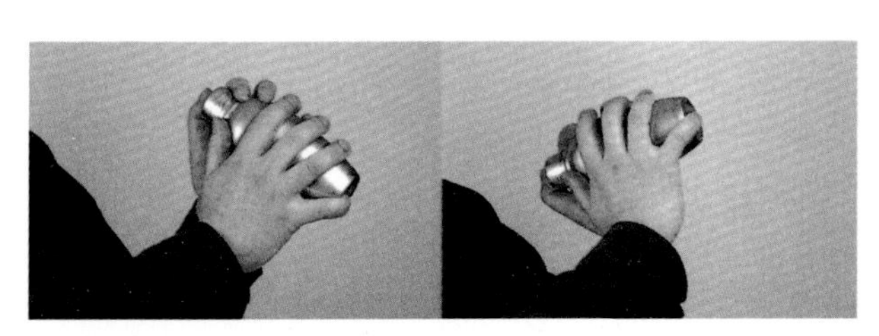

4. 将调酒壶置于胸前，然后按斜上、胸前、斜下的顺序有节奏地摇动酒壶。渐渐地加快速度，斜上斜下地如此反复7～8次，至调酒壶表面结成一层薄霜、杯底冷却即可。

5. 打开壶盖用食指按住过滤网，将鸡尾酒缓慢地滤入其他事先备好的酒杯中。酒杯要如226页所说的那样事先冷却好。

搅和法

(Blend)

“搅和法”是使用搅拌机（酒吧专用电动果汁机）搅拌原材料的一种技法。通常在调制冰冻风格或搅入新鲜水果类型的鸡尾酒时使用这种方法。另外，请注意不要放入过多的冰块，以防融化的冰水冲淡鸡尾酒的原味。

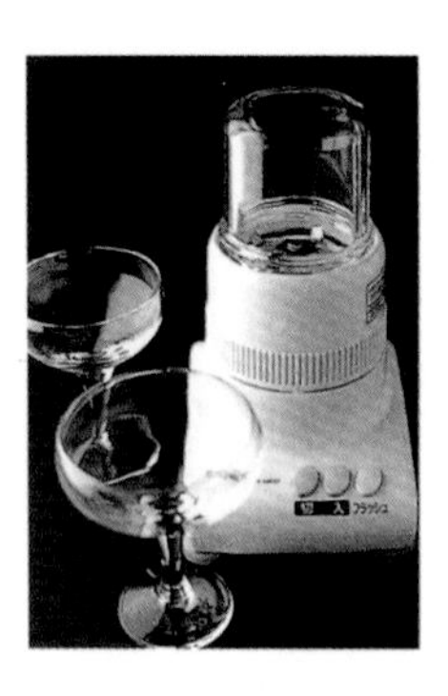

如果您备有酒吧专用电动果汁机，那是再好不过的了。如果没有的话，也可以使用家庭用搅拌机。将图片上的这款“带切片的搅拌机”的上部拧下后，换上切片（还能制造碎冰的类型）。

1. 拧下搅拌机的杯盖，放入准确测量过的原材料和碎冰。

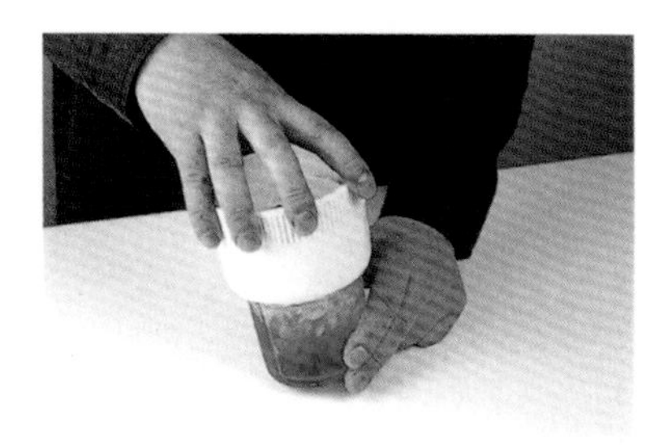

2. 从上面拧紧杯盖。

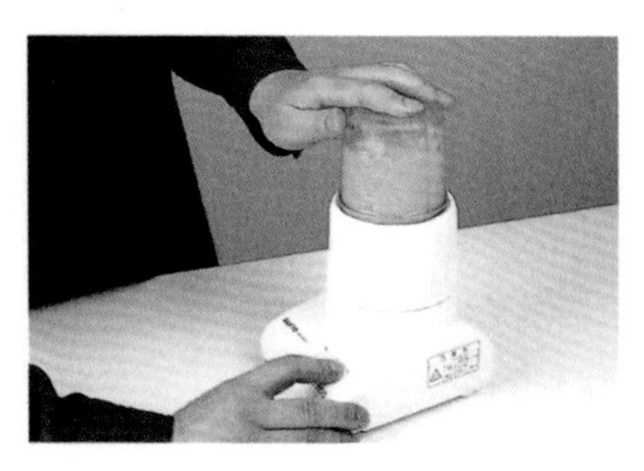

3. 将其安装到搅拌机机体上，并插入电源。用手按压好上部，以便固定搅拌机，让杯内物体充分搅拌至果子露状。

4. 使用吧匙将杯内的物体移入事先备好的酒杯中。

调制鸡尾酒的必备秘技

柠檬皮（柳橙皮）

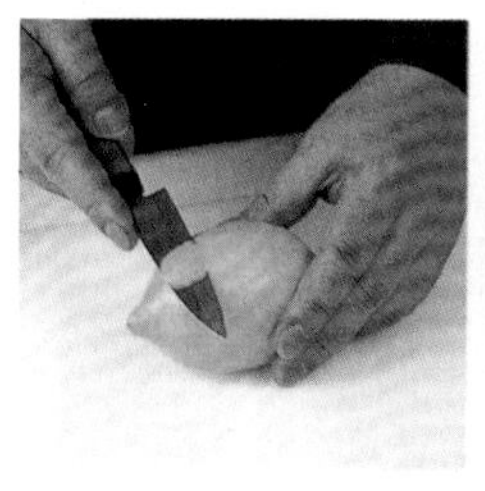

1. 用刀削切一片拇指大小的柠檬（柳橙）皮。

2. 用拇指和中指捏住柠檬（柳橙）皮的表皮，并用食指按住，在距杯口约15厘米的斜上方将其汁液拧入鸡尾酒中。

悬浮

将吧匙抵在酒杯内壁，然后把原材料缓慢地顺着吧匙背部倒入杯中。

润湿

往杯中滴入少许苦精酒，然后倾斜酒杯，让苦精酒将酒杯内壁全部润湿，最后倒掉多余的苦精酒。

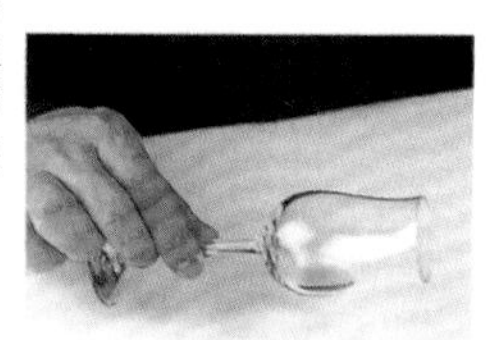

雪花风格

1. 将柠檬切口抵住酒杯边缘，并沿杯口旋转一圈，以擦拭杯口。

2. 在平底盘中铺上盐（或砂糖），等将它们均匀铺开后，将杯口倒置，然后在盐（或砂糖）中轻按一下，以便蘸上盐（或砂糖）。

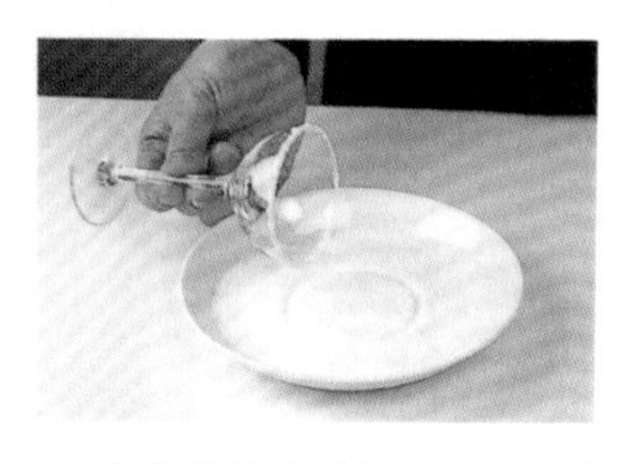

3. 拿出倒置的酒杯，用手轻轻地拍打杯底以便将多余的盐（或砂糖）抖落。

珊瑚风格

1. 将一定量的石榴糖浆（或蓝柑桂酒）倒入酒杯中，再把倒置的香槟酒杯笔直地浸入其中。

2. 在另一个酒杯中倒入一定量的砂糖（或盐），再把蘸有石榴糖浆（或蓝柑桂酒）的香槟酒杯笔直地插入这个酒杯中。

3. 缓慢地拿起酒杯，并用干抹布将酒杯内壁多余的砂糖（或盐）擦除干净。

长饮风格

鸡尾酒大致可分为短饮和长饮两种，其中长饮根据制作方法的风格又可分为几类。在此介绍一下鸡尾酒的几种代表性风格。

奶露 Egg Nogg

奶露是在白兰地、朗姆酒等烈酒中加入鸡蛋、牛奶、砂糖等进行制作的一种风格。在美国南部地区，它原本是用来作圣诞节饮品的，可以热饮也可以冷饮。除烈酒外，有时也用无酒精型饮品来调制奶露风格的鸡尾酒。

▶白兰地奶露（第176页）

洛克 On The Rocks

洛克是将原材料倒入盛有大冰块的古典式酒杯中进行制作的一种风格。最近调制成洛克风格的马提尼、曼哈顿等短饮也越来越受人们的欢迎。

▶法国仙人掌（第133页）

酷乐 Cooler

酷乐是在烈酒中加入柠檬汁、酸橙汁、糖浆等甜味，并用苏打水、姜汁汽水等碳酸饮料注满酒杯进行制作的一种风格。酷乐的意思是“冰凉爽口具有清凉口感的饮品”。另外，也有无酒精型酷乐风格的鸡尾酒。

▶朗姆酷乐（第123页）

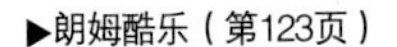

柯林 Collins

柯林是在金酒、威士忌等烈酒中加入柠檬汁和砂糖（糖浆），并用苏打水注满酒杯进行制作的一种风格。柯林风格的鸡尾酒与菲士风格的鸡尾酒很相似，但柯林风格使用的酒杯（柯林杯）很大，所盛鸡尾酒的容量要比菲士风格的多很多。

▶汤姆柯林（第74页）

酸味鸡尾酒 Sour

酸味鸡尾酒是在酒精类基酒中加入柠檬汁和砂糖等甜酸味物质进行制作的一种风格。调制酸味鸡尾酒风格的鸡尾酒时，原则上不加苏打水，但在美国之外的一些国家也有的加入苏打水或香槟酒。

▶威士忌酸味鸡尾酒（第152页）

茱莉普 Julep

茱莉普是在杯中边搅拌将砂糖融化边搅入薄荷叶，再加入烈酒或葡萄酒，放入碎冰并充分搅拌的一种风格。茱莉普风格的制作方法是美国南部地区自古以来就流传的一种调制混合饮料的技法。

▶朗姆茱莉普（第124页）

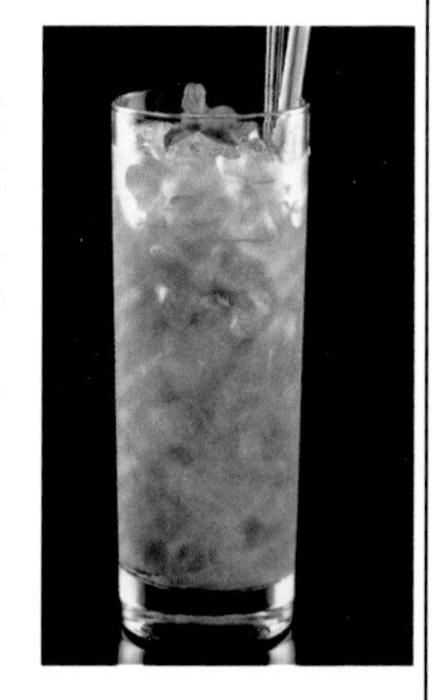

司令 Sling

司令是在烈酒中加入柠檬汁和甜味，并用水（矿泉水）或苏打水、姜汁汽水等注满酒杯的一种风格。有时也用热水调制成热饮型鸡尾酒。“Sling”一词来自于德语，是“吞咽”的意思。

▶金司令（第68页）

戴兹 Daisy

戴兹是在烈酒中加入柑橘系列果汁、糖浆或利口酒等，并往高脚酒杯或大葡萄酒杯中加入碎冰进行制作的一种风格。“Daisy”的意思是“雏菊”或“漂亮的东西”。

▶金戴兹（第68页）

托地 Toddy

托地是在平底大玻璃杯或古典式酒杯中放入砂糖、倒入烈酒并用水（矿泉水）或热水注满酒杯进行制作的一种风格。在英国为了防寒热身，人们自古以来就把它调制成一款热饮加以饮用。

▶威士忌托地（第153页）

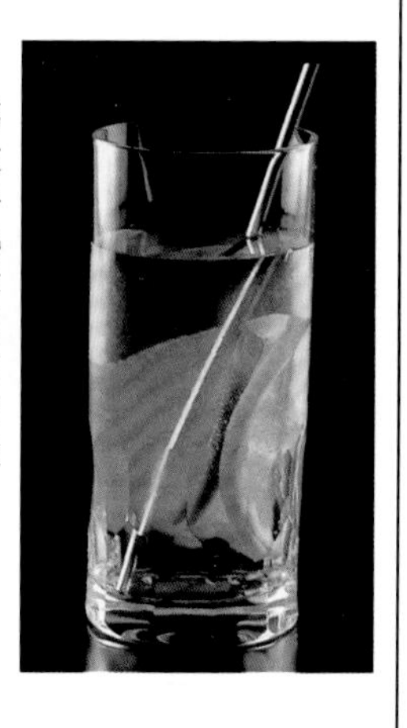

海波 Highball

海波是使用烈酒等各种酒品作基酒，用苏打水或姜汁汽水、可乐、果汁类软饮进行调兑制作的一种风格。在日本说起海波风味的鸡尾酒，人们首先想到的是用苏打水兑威士忌。

▶威士忌海波（第153页）

霸克 Buck

霸克是往各种烈酒中加入柠檬汁和姜汁汽水后进行制作的一种风格。“Buck”原意为“雄鹿”，所以人们将像雄鹿一样有踢劲儿（即酒精度高）的酒品称为“霸克”风格的鸡尾酒。

▶沾边波本霸克（第160页）

宾治 Punch

宾治是以葡萄酒或烈酒等为基酒，将利口酒、水果、果汁等用宾治球进行搅拌制作的一种风格。多将宾治风格的鸡尾酒作为聚会饮品，一下子调制出供多人享用的，但也有配方是为每个人分别调制的。

▶拓荒者宾治（第118页）

费克斯 Fix

费克斯是往烈酒中加入柑橘系列的果汁、糖浆或利口酒后进行制作的一种风格。调制费克斯风格的鸡尾酒时，在平底大玻璃杯或高脚酒杯内放入碎冰，并添加上水果或吸管。

▶金费克斯（第70页）

菲士 Fizz

菲士是往烈酒或利口酒中加入柠檬汁、砂糖（糖浆）将其摇匀后倒入酒杯，并用苏打水注满酒杯的一种风格。据说菲士这一名字源于调制鸡尾酒时，苏打水中的二氧化碳气体发出的嘶嘶声。

▶金菲士（第70页）

佛莱培 Frappe

佛莱培是往鸡尾酒杯或飞碟形香槟酒杯中放入碎冰，并将利口酒直接倒入杯中进行制作的一种风格，在制作最后放上短吸管。另外，有的配方是连原材料带碎冰一起摇匀后，再将冰块一并倒入酒杯中。

▶薄荷佛莱培（第194页）

冰冻风格 Frozen Style

冰冻风格是将原材料与碎冰一起倒入搅拌机内，搅拌至果子露状的一种制作风格。最近人们渐渐地将各种各样的鸡尾酒调制成冰冻风格加以享用。

▶冰冻蓝色玛格丽特（第134页）

瑞基 Ricky

瑞基是将新鲜酸橙（或柠檬）的果肉对着酒杯扭拧后，然后原封不动地将其放入杯中，再加入冰块和烈酒并用苏打水调兑的一种制作风格。饮用这种风格的鸡尾酒时一边用搅拌匙将果肉搅碎一边享受它的美味。

▶伏特加瑞基（第93页）

鸡尾酒用语集

●碎冰机

一种能将冰块粉碎成碎冰的机器。分为手动式和电动式两种。

●冰勺夹

一种用来从玻璃杯中夹出冰块的器具。如果用手指取冰，会使冰块的表层附上油渍和灰尘。因此，夹冰块一定要用这种工具。

●碎冰锥

一种能够切割冰块的锥状器具。

●冰桶

用来盛冰块的容器。一般情况下，它的杯底都会有隔层。

●爱尔兰威士忌

这是一款原产于爱尔兰的威士忌酒。它的特点是口感清爽滑润，酒香中没有丝毫的泥炭味。所用的原料是大麦麦芽、黑麦、小麦等。

●餐后鸡尾酒

顾名思义，它是指适合在饭后饮用的鸡尾酒。这种酒通常带有甜味感觉，就像是饭后甜点。

●杏子白兰地

指杏味利口酒。业内经常使用这一名称表示总括用杏子白兰地调制出的鸡尾酒。

●开胃酒 apetirif

英语是餐前酒的意思，在餐前饮用可增强食欲。

●美国威士忌

这是对美国产威士忌酒的总称。大体上可分为沾边波本威士忌、黑麦威士忌、美国产百龄坛威士忌等等。

●阿马尼亚克白兰地

原指法国西南部的阿马尼亚克地区（从波尔多的南部看是在加仑河的上游）。在本书指的是与它同名的白兰地酒。

●威士忌

是指一种使用大麦、小麦、玉米等谷类粮食作材料，经过加糖、发酵、蒸馏等工序制作而成的酒。由于所使用的谷物产地不同，所以口味也多种多样。其中比较有代表性的是：苏格兰威士忌、爱尔兰威士忌、加拿大威士忌、美国威士忌以及日本威士忌。它们品质优良、销量也多，被誉为“世界五大威士忌酒”。在调兑鸡尾酒的时候，使用像苏格兰威士忌、黑麦威士忌等这些指定的威士忌酒的情况也很多。

●伏特加

这种酒是使用谷类粮食作原料，经过蒸馏、活性炭除味等工序制成的酒。它的特点是酒香醇正、无色无味。如果喜欢醇味酒的话，伏特加无疑是最佳选择。由于其酒精度数一般在40°～90°，所以伏特加本身就成了高度酒的代名词。现在市面上常见的伏特加酒中，除常规种类之外，还可以见到融合了香草和鲜果特点的品种。

●开瓶器

一种用来拔酒塞的器具。

●全天候鸡尾酒

是指没有饮用时间限制的鸡尾酒。

●橄榄

它可以分为许多种类。有经过盐水浸泡的青橄榄、去核后用来做零食的橄榄以及色泽黑亮的橄榄等。用作鸡尾酒装饰物的橄榄可以使用零食橄榄。

●盎司

一种计量单位。1盎司约为30毫升。

●果味利口酒

是指以柳橙、杏仁、黑醋栗等水果为原料制成的利口酒，特点是口感清爽、色泽鲜亮而且富有果香。

●加拿大威士忌

指的是产于加拿大的威士忌。包括以玉米为原料制成的主要做基酒用的威士忌和以黑麦为原料制成的加香型威士忌。

●卡尔瓦多斯

是指通过将产于法国的苹果酒蒸馏而得到的纯天然苹果味白兰地。这种酒因产于法国北部卡尔瓦多斯省而得名。

●烈性（酒）

用来形容酒精度数高。如果说某种酒是烈性酒，也就是说它是高度酒。

●方冰

这里指的是3厘米见方的冰块。一般家用冰箱的制冰盒作出来的大约是这种规格的。

●柑桂酒

是指以柳橙的果皮为主要原料经过加香后制成的利口酒。除了白柑桂酒、白橙皮柑桂酒之外，还有柳橙柑桂酒和蓝柑桂酒等种类。

●大块冰

指的是直径为3～4厘米的冰块。在使用摇和法和调和法制作鸡尾酒时，要用到这种冰块。一般在24小时便利店和超市中都有销售。

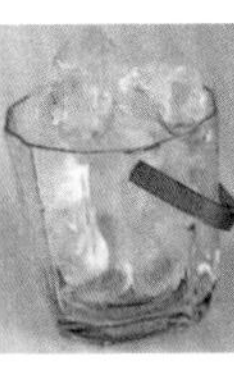

●碎冰

是指颗粒较小的冰块。如果没有成品碎冰的话，可以用毛巾把大冰块包好后使用碎冰勺现做。要是有碎冰器（第221页）的话就方便多了。

●石榴糖浆

是指用石榴榨取的红色汁浆。

●加强型（利口酒）

这里是指强化了某种口味的利口酒。

●甜酒

这里是指经过加香、着色工序处理的酸橙汁（第54页）。

●干邑

特指产于法国干邑地区的白兰地酒。

●考比勒

是长饮中的一种式样。一般是将碎冰连同烈性酒、葡萄酒、利口酒、糖浆等一起倒入玻璃杯后，轻轻地搅拌，直至杯壁挂霜。

●软木塞

这里指的是葡萄酒的瓶塞。

●混合酒

这种酒是通过在酿造酒和蒸馏酒中加入香料和鲜果精华而制成的，总称为“利口酒”（需要说明的是，葡萄酒和啤酒加香后是不叫做混合酒的）。

●雪利酒

这是一种产于西班牙安达鲁西亚州附近的高度葡萄酒，是在白葡萄酒中混入白兰地而得到的。

●香槟

原指产于法国香伯吉地区的发泡酒（起泡葡萄酒）。除这一地区之外的原产法国的香槟酒被称作“发泡葡萄酒”。

●酿造酒

这是仅仅经过原料发酵工序就饮用的酒。这种酒的特点是酒精度数比较低，一般在20° 以下。葡萄酒、啤酒、日本清酒在酒精度数上与之相当。

●蒸馏酒

将酿造酒再加工，经过蒸馏程序得到的酒。这种酒的度数要比原酒有所提高，总称为“烈性酒”。例如金酒、伏特加、朗姆酒、特基拉、威士忌、白兰地、烧酒等。

●短饮

这是要在酒冰凉的时候饮用的鸡尾酒（第38页）。

●小酒杯

用来装烈性酒的平底小玻璃杯，也叫做“净饮杯”。

●金酒

通过在以玉米、麦芽等谷物为原料制成的无色无味的蒸馏酒中加入香草、药草的精华而得到的酒。这种酒的特点是酒液中带有杜松子的芳香。它于1660年被荷兰的一位医生创制出来，最初是被当作药酒来使用的。后来传到英国，这种酒也逐渐演变成了味道香醇的辛口“干金酒”。现在的金酒大体上可以分为两类。一类是口感厚重浓香的荷兰金酒，另一类则是清爽可口的英国金酒。在调制鸡尾酒时，一般用的是英国金酒。

●单份（酒）

这是酒的一种计量方法，1单份大约相当于30毫升。与它等量的单位还有1盎司、1标准高度、1小酒杯。→双份

●姜汁汽水

带有生姜味的一种碳酸饮料。

●苏格兰威士忌

这是对英国苏格兰地区所产的威士忌酒的总称。大体可以分为仅使用大麦麦芽作材料的纯麦威士忌，以玉米、黑麦为原料的谷物威士忌以及将以上两种威士忌融合得来的混合威士忌3种。

●平静葡萄酒

它指的是不起泡的普通葡萄酒。一提到葡萄酒大多指的是这一类。当用它作为鸡尾酒的配料时，使用较为经济的葡萄酒也可以。

●雪花风格

用精盐、砂糖等擦拭玻璃杯杯口使之达到润湿、起雾的状态。→（见本书第229页）

●起泡葡萄酒

产于法国香伯吉地区的香槟酒享誉世界。意大利的斯卜曼笛酒和西班牙的卡瓦酒也很出名。

●烈酒

这里指的是经过蒸馏加工从而使酒精度数提高的蒸馏酒。包括金酒、伏特加、朗姆酒、特基拉、威士忌、白兰地、烧酒等。

●苏打水

含有碳酸的饮料。书中单独出现苏打水时指的是原汁苏打水。

●软饮

在本书中指的是不含酒精的饮料。

●点（dash）

主要是用来衡量苦精酒的单位（5～6滴约为1毫升）。

●双份

酒的一种计量单位，相当于60毫升。两指也大体与之等量。→单份

●酒后水

是一种喝过较烈的酒之后，饮用的汁水或碳酸饮料，可与烈酒中和，保持味觉的新鲜。

●雪利白兰地

即雪利利口酒。在日本和英国多以雪利白兰地作为总称。

●餐后酒

与餐前酒相对而存在。

●特基拉

它是作为玛格丽特酒的基酒而出名的，是一种原产于墨西哥的烈性酒。原料是貌似芦荟的龙舌兰类植物。特基拉是墨西哥的一个小镇，此酒以产地得名，也被称作“梅斯卡尔酒”。大体可以分为白色特基拉和金色特基拉。其中藏酒1年以上的金色特基拉又叫做“安妮悦”。

●饰品

用来做装饰的物品。

●汤尼水

它是以茜草科植物为原料制成的带有苦味的碳酸饮料。汤尼有强健身体的功效，属于一种健康饮品。

●干

辛口的意思。如果酒名中再带有“very dry”“extra dry”的话，酒精度数就更高了。

●滴（drop）

计量单位。1drop约相当于从苦精酒瓶中倒出的1滴。

●热带风情

这是对配方中有朗姆酒、特基拉等蒸馏酒的以及使用了凤梨、柳橙等热带水果或果汁的鸡尾酒的总称。

●睡前酒

顾名思义，是适合在睡前饮用的鸡尾酒。

●坚果、种子类利口酒

在这里指的是以杏仁、可可豆为代表的坚果为原料制成的利口酒，特点是酒香浓郁，口味甘甜，适合在饭后饮用。

●一半对一半

指的是在兑制鸡尾酒时把两种酒等量混合。

●沾边波本威士忌

这是产于美国肯塔基州波旁郡的酒，它是以玉米为原料通过蒸馏得来的。

●珍珠圆葱

是指用醋浸泡过的球状圆葱。

●橘子皮

这里指的是切成小片的橘子皮。柠檬片是柠檬切皮，柳橙片是柳橙切皮。这是给酒加香用的，通过挤拧得来的。

●苦精酒

这是一种以草药为材料的高浓度酒，属于利口酒的一种。→见本书第54页。

●餐后甜酒

这是一款将多种烈性酒和利口酒混合在一起得到的鸡尾酒，口味极为丰富。

●白兰地

这是对通过将水果发酵再经过蒸馏等工序制成的酒的总称。其中使用最多的水果就是葡萄。根据产地的名字可以分为柯纳克白兰地、阿马涅克白兰地等。另外，还有使用苹果作原料的“苹果味白兰地”、“苹果烧酒”，使用樱桃作材料的“樱桃酒”以及使用杏仁作原料的“巴拉克帕林卡”等。

●水果

在制作鸡尾酒的过程中，或是用作榨取果汁，或是用作鸡尾酒的装饰物，都会经常使用到这种辅助材料。

●强度标准（proof）

一种酒精计量单位。可分为美国式和英国式两种，最近一般使用美国式的作为标准。

●加香型葡萄酒

一般是在以葡萄酒为基酒的基础上，加入了香草、鲜果、蜂蜜等带有浓香的材料制成的。比较有代表性的有“味美思”、“杜宝内酒”、“桑格利亚酒”等。其中“味美思”最为重要，它又可以分为“味美思（干）”和“味美思（甜）”两种。从产地方面讲，这种酒主要来自意大利和法国。

●悬浮

顾名思义，它是“漂浮”的意思。这是一种将两种密度不同的液体进行调兑的手法。→见本书第229页。

●大块冰

指的是重量在1千克以上的冰块。一般要用碎冰器进行加工后才能使用。

●基酒

是指在制作鸡尾酒的过程中作为主体部分的酒。

●水果刀

主要是在切鲜果时使用，一般是刀身在12厘米左右的小刀。

●波尔图葡萄酒

这种酒选用产自葡萄牙北部的斗罗河上游的葡萄为原料制作而成。别名“波特酒”。

●樱桃

这里指的是浸泡过黑樱桃酒（利口酒的一种）并且已经去核的樱桃。一般可以分为酒味樱桃和绿樱桃两种。通常是作为装饰品使用的，也可以当作零食。

●绿樱桃

酒味樱桃。

●药草香草系列利口酒

这一系列的利口酒是以肯巴利酒和荨麻酒为代表的。最早源于中世纪修道士制造的药酒，也可以说它们是此类酒的原型。同时，这类酒也是历史最悠久、平时最常用的利口酒。

●朗姆酒

这是一种最早产于加勒比海的烈性酒。它是以蜂蜜和甘蔗为原料制成的。有酒色透明的白朗姆、呈现琥珀色的金朗姆以及深色的黑朗姆等，制法不同种类也不同。一般来说，酒的色泽越深香味也会更浓厚。在制作鸡尾酒时，通常使用的是白朗姆，但是也可以用其他的朗姆酒来代替。

●大圆冰块

正好能用手握住大小的冰块。

●利口酒

在蒸馏酒（烈性酒）中加入鲜果、香草等，使得酒液带有色泽与浓香的一种酒。也被称作混合酒。

●利口酒杯

这里指的是专门用来盛利口酒或是烈性酒的小玻璃杯，其标准容积大约是30毫升。

●死而复生

这里指的是用来待客的酒。

●长饮

指的是需要花时间细细品味的鸡尾酒。→见本书第38页。

●葡萄酒

顾名思义，是指用葡萄作原料酿制成的酒。根据制造法的不同，具体分类如下：一类是以红葡萄酒、白葡萄酒、纯葡萄酒等为代表的“平静型葡萄酒”；一类是以香槟为代表的“起泡型葡萄酒”；再就是以味美思酒为代表的，主要用来做基酒的加入了香草和鲜果的“加香型葡萄酒”；最后是在发酵过程中或是在发酵后加入了白兰地的“高浓度葡萄酒”，其中比较出名的有雪利酒和波尔图酒……

●冰酒器

这里指的是用于冷却葡萄酒的一种桶状器具，通常要在里面加冰块。

鸡尾酒原材料一览表

	鸡尾酒名	分类	调制技法	基酒	利口酒
基酒之金酒	地震	▼	摇和	G20	W20/贝合诺20
	理想	▼	摇和	G40	D味美思20/黑樱桃酒3点
	蓝珊瑚	▼	摇和	G40	G薄荷酒20
	飞机	▼	摇和	G45	黑樱桃酒1茶匙
	修道士	▼	摇和	G40	—
	开胃酒	▼	摇和	G30	杜宝内15
	环游世界	▼	摇和	G40	G薄荷酒10
	阿拉斯加	▼	摇和	G45	荨麻酒（J）15
	亚历山大姐妹	▼	摇和	G30	G薄荷酒15
	亚洲之路	□	摇和	G40	紫罗兰L20
	翡翠酷乐	□	摇和	G30	G薄荷酒15
	柳橙菲士	□	摇和	G45	—
	橘花	▼	摇和	G40	—
	赌场	▼	调和	G60	黑樱桃酒2点
	卡鲁索	▼	调和	G30	D味美思酒15/G薄荷酒15
	猕猴桃马提尼	▼	摇和	G45	—
	黑夜之吻	▼	摇和	G30	雪利B30/D味美思1茶匙
	吉普森	▼	调和	G50	D味美思10
	占列酒	▼	摇和	G45	—
	克勒里基	▼	摇和	G20	D味美思20/杏仁味B10/君度酒10
	绿色阿拉斯加	▼	摇和	G45	荨麻酒（V）15
	三叶草俱乐部	▼	摇和	G36	—
	黄金螺丝钉	□	兑和	G40	—
	黄金菲士	□	摇和	G45	—
	莎莎	▼	调和	G30	杜宝内30
	蓝宝石酷乐	▼	摇和	G25	君度酒15/B柑桂酒1茶匙
	詹姆斯・邦德马提尼	▼	摇和	G40	V10/利兰开胃酒
	城市珊瑚	▼	摇和	G20	甜瓜L20/B柑桂酒1茶匙
	银菲士	□	摇和	G45	—
	金苹果	□	兑和	G30～45	—
	金和义	▼	兑和	G30	S味美思（甜味）30
	金酒鸡尾酒	▼	调和	G60	—
	金酸味鸡尾酒	▼	摇和	G45	—
	金司令	□	兑和	G45	—
	金戴兹	□	兑和	G45	—
	金汤尼	□	兑和	G45	—
	金霸克	□	兑和	G45	—
	苦味金酒	□	兑和	G60	—
	金菲士	□	兑和	G45	—
	金费克斯	□	兑和	G45	—
	酸橙金酒	□	兑和	G45	—
	金瑞基	□	兑和	G45	—
	新加坡司令	□	摇和	G45	雪利B20
	草莓马提尼	▼	摇和	G45	—
	春天的歌剧	▼	摇和	G40	樱花酒10/桃味L10
	春天的感觉	▼	摇和	G30	荨麻酒（V）15
	烟熏马提尼	▼	调和	G50	麦芽威士忌10
	七重天	▼	摇和	G48	黑樱桃酒12
	添加利森林	▼	摇和	G20	甜瓜L10
	探戈酒	▼	摇和	G24	D味美思12/S味美思12/O柑桂酒12
	得克萨斯菲士	□	摇和	G45	—
	汤姆柯林	□	摇和	G45	—

※ 凡是表内没有标示单位的，均默认为毫升。

■分类：

▼=短饮/□=长饮

■G=干金酒/V=伏特加/R=朗姆酒/T=特基拉
W=威士忌/B=白兰地/L=利口酒/WA=葡萄酒
BI=啤酒/N=无酒精型鸡尾酒

果汁系列	加甜加香	碳酸饮料	其他	酒精度数	口味	所在页数
—	—	—	—	40	辛	56
葡萄柚汁1茶匙	—	—	—	30	中	57
—	—	—	柠檬(润湿用)/M樱桃/薄荷叶	33	中	57
柠檬15	—	—	—	30	辛	57
柳橙20	O苦精酒1点	—	M樱桃	28	中	58
柳橙汁15	—	—	—	24	中	58
凤梨汁10	—	—	绿樱桃	30	中	58
—	—	—	—	40	中	59
—	—	—	鲜奶油15	25	甘	59
—	—	—	少量柠檬果皮	30	中	60
柠檬15	S糖浆1茶匙	苏打水适量	M樱桃	7	中	60
柳橙汁20/柠檬15	S糖浆1茶匙	苏打水适量	—	14	中	60
柳橙汁20	—	—	—	24	中	61
柠檬汁2点	O苦精酒2点	—	橄榄	40	辛	61
—	—	—	—	29	中	61
—	S糖浆1/2～1茶匙	—	猕猴桃1/2个	25	中	62
—	—	—	—	39	中	62
—	—	—	珍珠圆葱	36	辛	62
酸橙汁15	—	—	—	30	中	63
—	—	—	—	28	中	63
—	—	—	—	39	辛	63
柳橙（柠檬）12	G糖浆12	—	蛋清1个	17	中	64
柳橙汁100～200	A苦精酒1点	—	S柳橙汁	10	中	64
柠檬20	S糖浆1/2～1茶匙	苏打水适量	蛋黄1个	12	中	64
—	A苦精酒1点	—	—	27	中	65
葡萄柚汁15	—	—	柠檬片	39	中	65
—	—	—	柠檬片	36	辛	65
葡萄柚汁20	—	T纯净水适量	—	9	中	66
柠檬20	S糖浆1/2～1茶匙	苏打水适量	蛋清1个	12	中	66
苹果汁适量	—	—	—	15	中	67
—	—	—	—	36	中	67
—	O苦精酒2点	—	柠檬片	40	辛	67
柠檬汁20	S糖浆1茶匙	—	M樱桃/S柠檬	24	中	68
—	砂糖1茶匙	冷水(苏打水)适量	—	14	中	68
柠檬汁20	G糖浆2茶匙	—	S柠檬/薄荷叶	22	中	68
—	—	T纯净水适量	酸橙块	14	中	69
柠檬汁20	—	姜汁汽水适量	S柠檬	14	中	69
—	A苦精酒2～3点	—	—	40	辛	69
柠檬汁20	S糖浆1～2茶匙	苏打水适量	柠檬块/M樱桃	14	中	70
柠檬汁20	S糖浆2茶匙	—	S酸橙	28	中	70
柳橙汁15	—	—	—	30	中	70
—	—	苏打水适量	鲜奶油1/2个	14	辛	71
柠檬汁20	—	苏打水适量	S柠檬/S柳橙/M樱桃	17	中	71
—	S糖浆1/2～1茶匙	—	鲜草莓3～4个	25	中	71
柠檬汁1茶匙/柳橙汁2茶匙	—	—	薄荷雪利	32	中	72
柠檬汁15	—	—	—	32	中	72
—	—	—	柠檬块	40	辛	73
葡萄柚汁1茶匙	—	—	薄荷雪利	38	中	73
葡萄柚汁25/柠檬汁5	A苦精酒1点	—	薄荷叶	16	中	73
柳橙汁2点	—	—	—	27	中	74
柳橙汁20	砂糖(S糖浆)1～2茶匙	苏打水适量	S酸橙/薄荷雪利	14	中	74
柠檬汁20	S糖浆1～2茶匙	苏打水适量	S柠檬/M雪利	16	中	74

■利口酒类杏B=杏子白兰地/雪利B=雪利白兰地/G薄荷酒=绿薄荷酒
W薄荷=白薄荷酒/B柑桂=蓝色柑桂酒/O柑桂=柳橙味柑桂酒
W柑桂=白色柑桂酒/C黑醋栗=黑醋栗甜酒/荨麻酒（J）=荨麻酒（黄绿色）
荨麻酒（V）=荨麻酒（黄色）/D味美思=味美思（干）/S味美思=味美思（甜味）
■加糖加香类材料G糖浆=石榴糖浆/S糖浆=（砂糖）糖浆/A苦精酒=安哥斯特拉苦精酒
O苦精酒=柳橙味苦精酒/M樱桃=泡过酒的酒味樱桃

	鸡尾酒名	分类	调制技法	基酒	利口酒
基酒之金酒	尼基菲士	□	摇和	G30	—
	忍者神龟	□	兑和	G45	B柑桂酒15
	尼格罗尼	□	兑和	G30	肯巴利酒30/S味美思30
	击倒	▼	摇和	G20	D味美思20/贝合诺20/W薄荷1茶匙
	调酒师	▼	调和	G15	D雪利酒15/D味美思15/杜宝内15/格林曼聂酒1茶匙
	百慕大玫瑰	▼	摇和	G40	杏B20
	天堂	▼	摇和	G30	杏B15
	巴黎人	▼	摇和	G20	D味美思20/黑醋栗20
	夏威夷人	▼	摇和	G30	O柑桂酒1茶匙
	宝石	▼	调和	G20	S味美思20/荨麻酒（v）20/O苦精酒1点
	纯洁的爱情	□	摇和	G30	木莓L15
	美人痣	▼	摇和	G30	D味美思15/S味美思15
	粉红金酒	▼	调和	G60	—
	红粉佳人	▼	摇和	G45	—
	血萨姆	□	兑和	G45	—
	玛丽公主	▼	摇和	G20	可可豆L（褐色）20
	蓝月亮	▼	摇和	G30	紫罗兰L15
	牛头犬	□	兑和	G45	—
	法国75号	□	摇和	G45	—
	布朗克斯	▼	摇和	G30	D味美思10/S味美思10
	檀香山	▼	摇和	G60	—
	白色翅膀	▼	摇和	G40	W薄荷酒20
	白色莉莉	▼	调和	G20	白朗姆酒20/w柑桂酒20/贝合诺酒1点
	白色丽人	▼	摇和	G30	君度酒15
	白色玫瑰	▼	摇和	G45	黑樱桃酒15
	玉兰花	▼	摇和	G30	—
	马提尼	▼	摇和	G45	D味美思15
	马提尼（甜）	▼	调和	G40	S味美思20
	马提尼（干）	▼	调和	G48	D味美思12
	马提尼（中性）	▼	调和	G40	D味美思10/S味美思10
	马提尼洛克	□	调和	G45	D味美思15
	人偶	▼	摇和	G20	杏仁利口酒10
	百万美元	▼	摇和	G45	S味美思15
	快乐的寡妇	▼	调和	G30	D味美思30/甜露酒1点/贝合诺酒1点
	特别甜瓜	▼	摇和	G30	甜瓜L15
	横滨	▼	摇和	G20	伏特加10/贝合诺酒1点
	佳人80	▼	摇和	G30	杏味利口酒B15
	皇家菲士	□	摇和	G45	—
	长岛冰茶	□	兑和	G15	V15/R（w）15/T15/W柑桂酒2茶匙
基酒之伏特加	安吉洛	▼	摇和	V30	加里安诺10/南方安逸10
	东方之翼	▼	摇和	V40	雪利B15/肯巴利5
	印象	▼	摇和	V20	桃味L10/杏味B10
	姑娘	▼	摇和	V30	雪利B45
	伏特加冰山	□	兑和	V60	贝合诺1点
	伏特加苹果	□	兑和	V30～45	—
	伏特加绿酒	□	兑和	V45	绿（甜瓜L）15
	伏特加吉普森	▼	调和	V50	D味美思10
	伏特加钻头	▼	摇和	V45	—
	伏特加苏打水	□	兑和	V45	—
	伏特加汤尼	□	兑和	V45	—
	伏特加马提尼	▼	调和	V45	D味美思15
	伏特加酸橙	□	兑和	V45	—
	伏特加瑞基	□	兑和	V45	—
	卡匹洛斯卡	□	兑和	V30～45	—
	神风	□	摇和	V45	W柑桂酒1茶匙
	墨西哥湾流	□	摇和	V15	桃味L15/B柑桂1茶匙
	热情之吻	▼	摇和	V20	黑刺李金20/D味美思20
	大奖	▼	摇和	V30	D味美思25/君度酒

续表

	果汁系列	加甜加香	碳酸饮料	其他	酒精度数	口味	所在页数
	葡萄柚汁30	S糖浆1茶匙	苏打水适量	S柠檬	10	中	75
	柳橙汁适量	—	—	S柠檬	14	中	75
	—	—	—	S柳橙	25	中	75
	—	—	—	—	30	辛	76
	—	—	—	—	22	中	76
	—	G糖浆2点	—	—	35	中	76
	柳橙汁15	—	—	—	25	中	77
	—	—	—	—	24	中	77
	柳橙汁30	—	—	—	20	中	77
	—	—	—	M雪利/柠檬片	33	中	78
	酸橙汁15	—	姜汁汽水适量	S酸橙片	5	中	78
	柳橙汁1茶匙	G糖浆1/2茶匙	—	—	26	中	78
	—	A苦精酒2～3点	—	—	40	辛	79
	柠檬汁1茶匙	G糖浆20	—	蛋清1个	20	中	79
	西红柿汁适量	—	—	柠檬块	12	辛	79
	—	—	—	鲜奶油20	20	甘	80
	柠檬汁15	—	—	—	30	中	80
	柳橙汁30	—	姜汁汽水适量	—	14	中	80
	柠檬汁20	砂糖1茶匙	香槟适量	—	18	中	81
	柳橙汁10	—	—	—	25	中	81
	柳橙汁1茶匙/凤梨汁1茶匙/柠檬汁1茶匙	S糖浆1茶匙/A苦精酒1点	—	凤梨片/M酒味樱桃	35	中	81
	—	—	—	—	32	中	82
	—	—	—	—	35	中	82
	柠檬汁15	—	—	—	29	中	82
	柳橙汁15/柠檬汁15	—	—	蛋清1个	20	中	83
	柠檬汁15	G糖浆1点	—	鲜奶油15	20	中	83
	—	—	—	柠檬片/橄榄	34	辛	83
	—	—	—	M樱桃	32	中	84
	—	—	—	柠檬片/橄榄	35	辛	84
	—	—	—	橄榄	30	中	84
	—	—	—	柠檬片/橄榄	35	辛	85
	葡萄柚汁30	G糖浆1茶匙	—	柳橙片	22	中	85
	凤梨汁15	G糖浆1茶匙	—	蛋清1个	18	中	85
	—	A苦精酒1点	—	柠檬片	25	辛	86
	酸橙汁15	O苦精酒1点	—	青樱桃/柠檬片	24	中	86
	柳橙汁20	G糖浆10	—	—	18	中	86
	凤梨汁15	G糖浆2茶匙	—	—	26	甘	87
	柠檬汁15	S糖浆2茶匙	苏打水适量	鸡蛋（小）1个	12	中	87
	柠檬汁30	S糖浆1茶匙	可乐40	S柠檬/S酸橙/M樱桃	19	中	87
	柳橙汁45/凤梨汁45	—	—	—	12	中	88
	—	—	—	—	22	中	89
	苹果汁20	—	—	—	27	中	89
	凤梨汁60/柠檬汁10	—	—	椰奶20/凤梨块	20	中	89
	—	—	—	—	38	辛	90
	苹果汁适量	—	—	S酸橙	15	中	90
	—	—	—	—	30	甘	90
	—	—	—	珍珠圆葱	30	辛	91
	酸橙汁15	S糖浆1茶匙	—	—	30	中	91
	—	—	苏打水适量	S柠檬	14	辛	91
	—	—	T汤尼水适量	S柠檬	14	中	92
	—	—	—	橄榄/柠檬片	31	辛	92
	酸橙汁15	—	—	—	30	中	92
	鲜酸橙1/2	—	苏打水适量	—	14	辛	93
	酸橙1/2～1个	砂糖(S糖浆1～2茶匙)	—	—	28	中	93
	酸橙汁15	—	—	—	27	辛	93
	葡萄柚汁20/凤梨汁5	—	—	—	19	中	94
	柠檬汁2点	—	—	砂糖（雪花风格）	26	中	94
	柠檬汁1茶匙	G糖浆1茶匙	—	—	28	中	95

	鸡尾酒名	分类	调制技法	基酒	利口酒
基酒之伏特加酒	绿色幻想	▼	摇和	V25	D味美思25/甜瓜L10
	灰狗	□	兑和	V45	—
	哥德角	□	摇和	V45	—
	哥萨克	▼	摇和	V24	B24
	大都会	▼	摇和	V30	W柑桂酒10
	教母	□	兑和	V45	杏仁15
	殖民者	▼	摇和	V20	南方安逸20
	海风	□	兑和	V30	—
	吉普赛	▼	摇和	V48	甜露酒12
	螺丝刀	□	兑和	V45	—
	大锤	▼	摇和	V50	—
	激情海岸	□	兑和	V15	甜瓜L20/木莓L10
	咸狗	□	兑和	V45	—
	奇奇	□	摇和	V30	—
	沙俄皇后	▼	调和	V30	D味美思15/杏仁B15
	休息5分钟	▼	摇和	V30	荨麻酒（V）15
	芭芭拉	▼	摇和	V30	可可豆L（褐色）15
	哈维撞墙	□	兑和	V45	加里安诺酒2茶匙
	百乐水晶	▼	摇和	V30	T15/V柑桂酒15/B柑桂1茶匙
	巴拉莱卡	▼	摇和	V30	W柑桂酒15
	受惊的蚱蜢	▼	调和	V20	G薄荷20/可可豆L（白色）20
	黑色俄罗斯	□	兑和	V40	咖啡L20
	血腥公牛	□	兑和	V45	—
	血腥玛丽	□	兑和	V45	—
	洋李广场	▼	摇和	V40	黑刺李金酒10
	木莓酸味鸡尾酒	▼	摇和	V30	木莓L15/B柑桂酒1点
	公牛弹丸	□	兑和	V45	—
	蓝色泻湖	▼	摇和	V30	B柑桂酒20
	伏尔加河	▼	摇和	V40	—
	伏尔加河上的船夫	▼	摇和	V20	雪利酒B20
	白色蜘蛛	▼	摇和	V40	W薄荷20
	白色俄罗斯	□	兑和	V40	咖啡L20
	莫斯科骡马	□	兑和	V45	—
	雪国	▼	摇和	V40	W柑桂酒20
	俄罗斯人	▼	摇和	V20	G20/可可豆L（褐色）20
	爱情追逐者	▼	摇和	V30	杏仁15
	罗伯塔	▼	摇和	V20	D味美思20/雪利酒B20/肯巴利酒1点/香蕉L1点
基酒之朗姆酒	XYZ	▼	摇和	R(W)30	W柑桂酒15
	总统	▼	调和	R(W)30	D味美思15/O柑桂酒15
	自由古巴	□	兑和	R(W)45	—
	古巴	▼	摇和	R(W)35	杏B15
	金斯敦	▼	摇和	R(J)30	W柑桂酒15
	绿眼睛	▼	搅和	R(G)30	甜瓜L25
	格罗格	□	兑和	R(D)45	—
	珊瑚	▼	摇和	R(W)30	杏B10
	金色朋友	□	摇和	R(D)20	杏仁20
	牙买加小子	▼	摇和	R(W)20	添万利（咖啡L）20/蛋黄酒20
	上海	▼	摇和	R(J)30	贝合诺10
	跳伞	▼	摇和	R(W)30	B柑桂酒20
	天蝎座	□	摇和	R(W)45	B30
	回音	▼	摇和	R(W)30	苹果B30/杏B2点
	赞比	□	摇和	R(W)20	R（G）20/R（D）20/杏B10
	戴吉利	▼	摇和	R(W)45	—
	中国人	▼	摇和	R(W)60	O柑桂酒2点/黑樱桃酒2点
	内华达	▼	摇和	R(W)36	—
	凤梨菲士	□	摇和	R(W)45	—
	百家地	▼	摇和	百家地R(W)45	—
	哈瓦那海滩	▼	摇和	R(W)30	—

R（W）=白朗姆酒 R（G）=金黄朗姆酒 R（D）=黑朗姆酒 R（J）=牙买加朗姆酒

续表

果汁系列	加甜加香	碳酸饮料	其他	酒精度数	口味	所在页数
酸橙汁1茶匙	—	—	—	25	中	95
葡萄柚汁适量	—	—	—	13	中	95
越橘汁45	—	—	—	20	中	96
酸橙汁12	S糖浆1茶匙	—	—	30	辛	96
越橘汁10/酸橙汁10	—	—	—	22	中	96
—	—	—	—	34	中	97
酸橙汁20	—	—	—	22	中	97
葡萄柚汁60/越橘汁60	—	—	—	8	中	97
—	A苦精酒1点	—	—	35	中	98
柳橙汁适量	—	—	S柳橙汁	15	中	98
酸橙汁10	—	—	—	33	辛	98
凤梨汁80	—	—	—	10	中	99
葡萄柚汁适量	—	—	盐（雪花风格）	13	中	99
凤梨汁80	—	—	椰奶45/凤梨块/S柳橙	7	中	99
—	A苦精酒1点	—	—	27	中	100
酸橙汁15	—	—	—	25	辛	100
—	—	—	鲜奶油15	25	中	100
柳橙汁适量	—	—	S柳橙汁	15	中	101
柠檬汁1茶匙	—	—	—	33	中	101
柠檬汁15	—	—	—	25	中	101
—	—	—	—	20	中	102
—	—	—	—	32	中	102
柠檬汁15/西红柿汁适量	—	—	牛肉汤适量/柠檬块/黄瓜条	12	辛	102
西红柿汁适量	—	—	柠檬块/黄瓜条	12	辛	103
酸橙汁10	—	—	—	28	中	103
酸橙汁15	—	—	—	12	中	103
—	—	—	牛肉汤适量/S酸橙汁	15	中	104
柠檬汁20	—	—	S柳橙汁/M樱桃汁	22	中	104
酸橙汁10/柳橙汁10	O苦精酒1点/G糖浆2点	—	—	25	中	104
柳橙汁20	—	—	—	18	甘	105
—	—	—	—	32	中	105
—	—	—	鲜奶油适量	25	甘	105
酸橙汁15	—	姜汁汽水适量	酸橙块	12	中	106
酸橙汁2茶匙	—	—	砂糖(雪花风格)/绿樱桃	30	中	106
—	—	—	—	33	中	107
—	—	—	椰奶15/豆蔻粉	25	甘	107
—	—	—	—	24	中	107
柠檬汁15	—	—	—	26	中	108
—	G糖浆1点	—	—	30	中	109
酸橙汁10	—	可乐适量	S酸橙汁	12	中	109
酸橙汁10	G糖浆约2茶匙	—	—	20	中	109
柠檬汁15	G糖浆1点	—	—	23	中	110
凤梨汁45/酸橙汁15	—	—	椰奶15/S酸橙	11	中	110
柠檬汁15	方糖1个	—	桂枝条/丁香味	9	中	111
葡萄柚汁10/柠檬汁10	—	—	—	24	中	111
柠檬汁20	—	可乐适量	S柠檬汁	15	中	111
—	G糖浆1茶匙	—	—	25	甘	112
柠檬汁20	G糖浆2点	—	—	20	中	112
酸橙汁10	—	—	—	20	中	113
S柳橙汁/M樱桃汁	—	—		25	中	113
柠檬汁1点	—	—	—	33	辛	113
柳橙汁15/凤梨汁15/柠檬汁10	G糖浆5	—	S柳橙汁	19	中	114
酸橙汁15	S糖浆1茶匙	—	—	24	中	114
—	G糖浆2点/A苦精酒1点	—	柠檬皮/M樱桃汁	38	中	115
酸橙汁12/葡萄柚汁12	砂糖(S糖浆)1茶匙/A苦精酒1点	—	—	23	中	115
凤梨汁20	S糖浆1茶匙	苏打水适量	—	15	中	115
酸橙汁15	G糖浆1茶匙	—	—	28	中	116
凤梨汁30	S糖浆1茶匙	—	—	17	甘	116

	鸡尾酒名	分类	调制技法	基酒	利口酒
基酒之朗姆酒	巴哈马	▼	摇和	R(W)20	南方安逸酒20/香蕉L1点
	凤梨可乐达	□	摇和	R(W)30	—
	银发美女	▼	摇和	R(W)20	W柑桂酒20
	拓荒者鸡尾酒	▼	摇和	R(W)30	—
	拓荒者宾治	□	摇和	R(J)60	W柑桂酒30
	蓝色夏威夷	□	摇和	R(W)30	B柑桂酒15
	冰冻草莓戴吉利	▼	搅和	R(W)30	W柑桂酒1茶匙
	冰冻戴吉利	▼	搅和	R(W)40	—
	冰冻香蕉戴吉利	▼	搅和	R(W)30	香蕉L10
	波士顿酷乐	□	摇和	R(W)45	—
	热黄油朗姆酒	□	兑和	R(D)45	—
	迈阿密	▼	摇和	R(W)40	W薄荷酒20
	迈泰	□	摇和	R(W)45	O柑桂酒1茶匙/R（D）2茶匙
	百万富翁	▼	摇和	R(W)15	黑刺李金酒15/杏B15
	玛利・皮克福德	▼	摇和	R(W)30	黑樱桃酒1点
	毛吉托	□	兑和	R(G)45	—
	凤梨朗姆酒	□	兑和	R(D)45	—
	乡村姑娘	□	兑和	R(W)45	—
	朗姆酷乐	□	摇和	R(W)45	—
	朗姆可乐	□	兑和	R30～45	—
	朗姆柯林	□	摇和	R(D)45	—
	朗姆茱莉普	□	兑和	R(W)30	R(D)30
	朗姆苏打水	□	兑和	R(D)45	—
	朗姆汤尼	□	兑和	R(G)45	—
	小公主	▼	调和	R(W)30	S味美思30
基酒之特基拉酒	破冰船	□	摇和	T24	W柑桂酒12
	大使	□	兑和	T45	—
	常青树	□	摇和	T30	G薄荷15/加里安诺10
	恶魔	□	兑和	T30	C黑醋栗15
	柳橙玛格丽特	▼	摇和	T30	格林曼聂（O柑桂酒）15
	耶稣山	□	摇和	T30	苏格兰威士忌利口酒/B柑桂酒30
	伯爵夫人	▼	摇和	T30	荔枝L10
	仙客来	▼	摇和	T30	君度酒10
	丝袜	▼	摇和	T30	可可豆L（褐色）15
	草帽	□	兑和	T45	—
	黑刺李特基拉	□	摇和	T30	黑刺李金15
	特基拉葡萄柚	□	兑和	T45	—
	特基拉日落	▼	搅和	T30	—
	特基拉日出	□	兑和	T45	—
	特基拉马提尼	▼	调和	T48	D味美思12
	特基拉曼哈顿	▼	调和	T45	S味美思15
	迪克尼克	□	兑和	T45	—
	骑马斗牛士	▼	调和	T30	咖啡L30
	勇敢的公牛	□	兑和	T40	咖啡L20
	法国仙人掌	□	兑和	T40	君度酒20
	冰冻蓝色玛格丽特	▼	搅和	T30	B柑桂酒15
	冰冻玛格丽特	▼	搅和	T30	君度酒15
	百老汇醉鬼	▼	摇和	T30	—
	斗牛士	□	摇和	T30	—
	玛丽特雷萨	▼	摇和	T40	—
	玛格丽特	▼	摇和	T30	W柑桂酒15
	墨西哥人	▼	摇和	T30	—
	墨西哥玫瑰	▼	摇和	T36	C黑醋栗12
	甜瓜玛格丽特	▼	摇和	T30	—
	八哥	▼	摇和	T30	G薄荷15
	日出龙舌兰	▼	摇和	T30	荨麻酒（J）20/黑刺李金酒1茶匙
基酒之威士忌	爱尔兰咖啡	□	兑和	爱尔兰W30	—
	亲密关系	▼	摇和	苏格兰W20	D味美思20/S味美思20

续表

	果汁系列	加甜加香	碳酸饮料	其他	酒精度数	口味	所在页数
	柠檬汁20	—	—	—	24	中	117
	凤梨汁80	—	—	椰奶30/凤梨块/绿樱桃	8	甘	117
	—	—	—	鲜奶油20	20	中	117
	柳橙汁30/柠檬汁3点	—	—	—	17	中	118
	—	砂糖(S糖浆)1~2茶匙	—	S酸橙/薄荷叶	35	中	118
	凤梨汁30/柠檬汁15	—	—	凤梨块M樱桃/薄荷叶	14	中	118
	酸橙汁10	S糖浆1/2~1茶匙	—	鲜草莓2~3个	7	中	119
	酸橙汁10	砂糖(S糖浆)1茶匙	—	薄荷叶	8	中	119
	柠檬汁15	S糖浆1茶匙	—	香蕉1/3个	7	中	119
	柠檬汁20	S糖浆1茶匙	姜汁汽水适量	—	15	中	120
	—	方糖1个	—	黄油1单位/热水适量	15	中	120
	柠檬汁1/2茶匙	—	—	—	33	中	120
	凤梨汁2茶匙/柳橙汁2茶匙/柠檬汁1茶匙	—	—	凤梨块S柳橙M樱桃/绿樱桃	25	中	121
	酸橙汁15	G糖浆1点	—	—	25	中	121
	凤梨汁30	G糖浆1茶匙	—	—	18	甘	122
	鲜酸橙1/2个	S糖浆1茶匙	—	薄荷叶6~7片	25	中	122
	凤梨汁适量	—	—	凤梨块/绿樱桃	15	中	122
	酸橙1/2~1个	砂糖(糖浆)1~2茶匙	—	—	28	中	123
	酸橙汁20	G糖浆1茶匙	苏打水适量	—	14	中	123
	—	—	—	柠檬块	12	中	123
	柠檬汁20	S糖浆1~2茶匙	苏打水适量	S柠檬	14	中	124
	—	砂糖(S糖浆)2茶匙	—	水(M水)30/薄荷叶4~5片	25	中	124
	—	—	苏打水适量	S酸橙	14	中	125
	—	—	T水适量	酸橙块	14	中	125
	—	—	—	—	28	中	125
	葡萄柚汁24	G糖浆1茶匙	—	—	20	中	126
	柳橙汁适量	S糖浆1茶匙	—	S柳橙/M樱桃	12	中	127
	凤梨汁90	—	—	凤梨块/薄荷叶/M樱桃/绿樱桃	11	中	127
	鲜酸橙1/2个	—	姜汁汽水适量	—	11	中	127
	柠檬汁15	—	—	柠檬	26	中	128
	—	—	苏打水适量	S酸橙	20	中	128
	葡萄柚汁20	—	—	—	20	中	129
	柳橙汁10/柠檬汁10	G糖浆1茶匙	—	柠檬皮	26	中	129
	—	G糖浆1茶匙	—	鲜奶油15/M樱桃	25	甘	129
	西红柿汁适量	—	—	柠檬块	12	辛	130
	柠檬汁15	—	—	黄瓜条	22	中	130
	葡萄柚汁适量	—	—	绿樱桃	12	中	130
	柠檬汁30	G糖浆1茶匙	—	—	5	中	131
	柳橙汁90	G糖浆2茶匙	—	S柳橙	12	中	131
	—	—	—	橄榄/柠檬皮	35	辛	132
	—	A苦精酒1点	—	绿樱桃	34	中	132
	—	—	T水适量	酸橙块	12	中	132
	—	—	—	柠檬皮	35	甘	133
	—	—	—	—	32	中	133
	—	—	—	—	34	中	133
	柠檬汁15	砂糖(S糖浆)1茶匙	—	—	7	中	134
	酸橙汁15	砂糖(S糖浆)1茶匙	—	—	7	中	134
	柠檬汁15/柠檬汁15	砂糖(S糖浆)1茶匙	—	—	20	中	135
	凤梨汁45/酸橙汁15	—	—	—	15	中	135
	酸橙汁20/越橘汁20	—	—	—	20	中	135
	酸橙汁15	—	—	—	26	中	136
	凤梨汁30	G糖浆1点	—	—	17	甘	136
	柠檬汁12	—	—	—	24	中	136
	柠檬汁15	—	—	—	26	中	137
	酸橙汁15	—	—	—	25	中	137
	酸橙汁10	M樱桃	—	M樱桃	33	中	137
	—	砂糖1茶匙	—	热咖啡适量/鲜奶油适量	10	中	150
	—	A苦精酒2点	—	—	20	中	151

	鸡尾酒名	分类	调制技法	基酒	利口酒
基酒之伏特加酒	阿方索·卡波奈	▼	摇和	波旁W25	格林曼聂（O柑桂酒）/甜瓜L10
	墨水大街	▼	摇和	黑麦W30	—
	帝王菲士	□	摇和	W45	R（W）15
	威士忌鸡尾酒	▼	调和	W60	—
	威士忌酸味鸡尾酒	▼	摇和	W45	—
	威士忌托地	□	兑和	W45	—
	威士忌海波	□	兑和	W45	—
	悬浮式威士忌	□	兑和	W45	—
	老朋友	▼	调和	黑麦W20	D味美思20/肯巴利20
	古典酒	□	兑和	黑麦或波旁W45	—
	东方	▼	摇和	黑麦W24	S味美思12/W柑桂酒12
	牛仔	▼	摇和	波旁W40	—
	加州柠檬汁	□	摇和	波旁W45	—
	快吻我	▼	调和	苏格兰W30	杜宝内20/木莓L10
	北极冰	□	兑和	W45	—
	教父	□	兑和	W45	杏仁15
	船长	▼	摇和	黑麦W45	—
	白花酢浆草	▼	摇和	爱尔兰W30	D味美思30/荨麻酒（V）3点/G薄荷3点
	约翰柯林	□	兑和	W45	—
	苏格兰短褶裙	▼	调和	苏格兰W40	苏格兰威士忌利口酒20
	赛马会泡泡	□	摇和	W45	O柑桂酒1茶匙
	丘吉尔	▼	摇和	苏格兰W30	君度酒10/S味美思10
	纽约	▼	摇和	黑麦或波旁W45	—
	沾边波本苏打水	□	兑和	波旁W45	—
	沾边波本霸克	□	兑和	波旁W45	—
	波旁酸橙	□	兑和	波旁W45	—
	大礼帽	▼	摇和	波旁W40	雪利B10
	高地酷乐	□	摇和	苏格兰W45	—
	飓风	▼	摇和	W15	G15/W薄荷15
	猎人	▼	摇和	黑麦或波旁W45	雪利B15
	布鲁克林	▼	摇和	黑麦W40	D味美思20/苦味利口酒1点/黑樱桃酒1点
	一杆进洞	▼	摇和	W40	D味美思20
	热威士忌托地	□	兑和	W45	—
	鲍比伯恩斯	▼	调和	苏格兰W40	S味美思20/甜露酒1茶匙
	迈阿密海滩	▼	摇和	W35	D味美思10
	蓝山	▼	摇和	黑麦W45	D味美思10/S味美思10
	玛密泰勒	□	兑和	苏格兰W45	—
	曼哈顿	▼	调和	黑麦或波旁W45	S味美思15
	曼哈顿（干）	▼	调和	黑麦或波旁W48	D味美思12
	曼哈顿（中性）	▼	调和	黑麦或波旁W40	D味美思10/S味美思10
	薄荷酷乐	□	兑和	W45	W薄荷2～3点
	薄荷茱莉普	□	兑和	波旁W60	—
	蒙特卡罗	▼	摇和	黑麦W45	甜露酒15
	生锈钉	□	兑和	W30	苏格兰威士忌利口酒30
	罗伯罗伊	▼	调和	苏格兰W45	S味美思15
基酒之白兰地	亚历山大	▼	摇和	B30	可可豆L（褐色）15
	鸡蛋酸味鸡尾酒	▼	摇和	B30	O柑桂酒20
	奥林匹克	▼	摇和	B20	O柑桂酒20
	苹果鸡尾酒	▼	摇和	苹果B（苹果白兰地）20	W柑桂酒10
	颂歌	▼	摇和	B40	S味美思20
	古巴人的鸡尾酒	▼	摇和	B30	杏B15
	经典	▼	摇和	B30	O柑桂酒10/黑樱桃酒10
	死而复生	▼	调和	B30	苹果B15/S味美思15
	边车	▼	摇和	B30	W柑桂酒15
	芝加哥	▼	摇和	B45	O柑桂酒2点
	杰克玫瑰	▼	摇和	苹果B30	—
	香榭丽舍大街	▼	摇和	B（干邑）36	荨麻酒（J）12
	史丁格	▼	摇和	B40	W薄荷20

	果汁系列	加甜加香	碳酸饮料	其他	酒精度数	口味	所在页数
	—	—	—	鲜奶油10	26	中	151
	柳橙汁15/柠檬汁15	—	—	—	15	中	151
	柠檬汁20	砂糖(糖浆)1～2茶匙	苏打水适量	—	17	中	152
	—	A苦精酒1点/S糖浆1点	—	—	37	中	152
	柠檬汁20	砂糖(S糖浆)1茶匙	—	S柳橙/M樱桃	23	中	152
	—	砂糖(S糖浆)1茶匙	—	水(M水)适量/S柠檬/S酸橙	13	中	153
	—	—	苏打水适量	—	13	辛	153
	—	—	—	水（M水）适量	13	辛	153
	—	—	—	—	24	中	154
	—	A苦精酒2点/方糖1块	—	S柳橙/S柠檬/M樱桃	32	中	154
	酸橙汁12	—	—	—	25	中	155
	—	—	—	鲜奶油20	25	中	155
	柠檬汁20/酸橙汁10	G糖浆1茶匙/砂糖(S糖浆)1茶匙	苏打水适量	柠檬块	13	中	155
	—	—	—	柠檬皮	24	中	156
	柳橙汁20	—	姜汁汽水适量	柳橙皮	15	中	156
	—	—	—	—	34	中	157
	酸橙汁15	O苦精酒2点/S糖浆1茶匙	—	—	26	辛	157
	—	—	—	—	27	中	157
	柠檬汁20	S糖浆1～2茶匙	苏打水适量	S柠檬/M樱桃	13	中	158
	—	O苦精酒2点	—	—	36	中	158
	柠檬1茶匙	砂糖(S糖浆)1茶匙	苏打水适量	鸡蛋1个	14	中	158
	酸橙汁10	—	—	—	27	中	159
	酸橙汁15	G糖浆1/2茶匙/砂糖(S糖浆)1茶匙	—	柳橙皮	26	中	159
	—	—	苏打水适量	—	13	辛	160
	柠檬汁20	—	姜汁汽水适量	—	14	中	160
	—	—	—	酸橙块	30	辛	160
	葡萄柚汁10/柠檬1茶匙	—	—	—	28	中	161
	柠檬汁15	A苦精酒2点/砂糖(S糖浆)1茶匙	姜汁汽水适量	—	13	中	161
	柠檬汁15	—	—	—	30	中	162
	—	—	—	—	33	中	162
	—	—	—	—	30	辛	162
	柠檬汁2点/柳橙汁1点	—	—	—	30	辛	163
	—	砂糖(S糖浆)1茶匙	—	热水适量/S柠檬/丁香/桂枝条	13	中	163
	—	—	—	柠檬皮	30	中	163
	葡萄柚汁15	—	—	—	28	中	164
	柠檬汁10	—	—	蛋清1个	20	中	164
	柠檬汁20	—	姜汁汽水适量	S酸橙	13	中	164
	—	A苦精酒1点	—	M樱桃/柠檬皮	32	中	165
	—	A苦精酒1点	—	绿樱桃	35	辛	165
	—	A苦精酒1点	—	M樱桃	30	中	165
	—	—	苏打水适量	薄荷叶	13	辛	166
	—	砂糖(S糖浆)2茶匙	水或苏打水2茶匙	薄荷叶5～6片	26	中	166
	—	A苦精酒2点	—	—	40	中	167
	—	—	—	—	36	甘	167
	—	A苦精酒1点	—	M樱桃/柠檬皮	32	中	167
	—	—	—	奶油15	23	甘	168
	柠檬汁20	砂糖(S糖浆)1茶匙	—	鸡蛋1个	15	中	169
	柳橙汁20	—	—	—	26	中	169
	柳橙汁20	O苦精酒10	—	—	20	中	169
	—	—	—	珍珠圆葱	28	中	170
	酸橙汁15	—	—	—	22	中	170
	柠檬汁10	—	—	—	26	中	170
	—	—	—	—	28	中	171
	柠檬汁15	—	—	—	26	中	171
	—	A苦精酒1点	香槟酒适量	—	25	中	171
	酸橙汁15	G糖浆15	—	—	20	中	172
	柠檬汁	A苦精酒1点	—	—	26	中	172
	—	—	—	—	32	中	173

	鸡尾酒名	分类	调制技法	基酒	利口酒
基酒之白兰地	三个磨坊主	▼	摇和	B40	R（W）20
	坏妈妈	□	兑和	B40	咖啡L20
	樱花	▼	摇和	B30	雪利B30/O柑桂酒2点
	梦想	▼	摇和	B40	O柑桂酒20/贝合诺酒1点
	尼克拉斯加	▼	兑和	B适量	—
	哈佛	▼	调和	B30	S味美思30
	哈佛酷乐	□	摇和	苹果B45	—
	蜜月	▼	摇和	苹果B20	甜露酒20/O柑桂酒3点
	B和B	▼	兑和	B30	甜露酒30
	床和地之间	▼	摇和	B20	R（W）20/W柑桂酒20
	白兰地奶露	□	摇和	B30	R（D）15
	白兰地鸡尾酒	▼	调和	B60	W柑桂酒2点
	白兰地酸味鸡尾酒	▼	摇和	B45	—
	白兰地司令	□	兑和	B45	—
	白兰地费克斯	□	兑和	B30	雪利B30
	白兰地牛奶宾治	□	摇和	B40	—
	法国情怀	□	兑和	B45	杏仁利口酒15
	马颈	□	兑和	B45	—
	热白兰地奶露	□	兑和	B30	R(D)15
	孟买	▼	调和	B30	D味美思15/S味美思15/O柑桂酒2点/贝合诺酒1点
基酒之利口酒	餐后酒	▼	摇和	杏B24	O柑桂酒24
	杏仁酷乐	□	摇和	杏B45	—
	海波苦味利口酒	□	兑和	苦味利口酒45	—
	黄鹦鹉	▼	调和	杏B20	贝合诺酒20/荨麻酒（J）20
	可可豆菲士	□	摇和	可可豆L(褐色)45	—
	黑醋栗乌龙	□	兑和	C黑醋栗45	—
	卡路尔牛奶	□	兑和	咖啡蜜(咖啡L)30～45	—
	肯巴利柳橙	□	兑和	肯巴利45	—
	肯巴利苏打	□	兑和	肯巴利45	—
	彼得王	□	兑和	雪利B45	—
	和谐水晶	▼	摇和	桃L40	V10/雪利B2茶匙
	绿色蚱蜢	▼	摇和	可可豆L(白色)20	G薄荷20
	金色卡迪拉克	▼	摇和	加里安诺20	可可豆L（白色）20
	金色梦想	▼	摇和	加里安诺15	W柑桂酒15
	圣日瓦曼	▼	摇和	荨麻（V）45	—
	沙度士汤尼	□	兑和	荨麻(V)30～45	—
	郝思嘉	▼	摇和	南方安逸30	—
	斯普莫尼	□	兑和	肯巴利30	—
	李子金酒鸡尾酒	▼	调和	李子金30	D味美思15/S味美思15
	黑刺李金菲士	□	摇和	黑刺李金45	—
	西娜尔可乐	□	兑和	西娜尔45	—
	卓别林	□	摇和	黑刺李金20	杏仁B20
	中国蓝	□	兑和	荔枝L30	B柑桂酒1茶匙
	迪莎莉塔	▼	摇和	杏仁利口酒30	T15
	发现	□	摇和	蛋黄酒L45	—
	迪塔仙女	□	摇和	荔枝L(迪塔)30	R（W）10/G薄荷10
	紫罗兰菲士	□	摇和	紫罗兰L45	—
	香蕉布里斯	□	兑和	香蕉L30	B30
	瓦伦西亚	▼	摇和	杏B40	—
	匹康鸡尾酒	▼	调和	苦味利口酒30	S味美思30
	乒乓	▼	摇和	黑醋栗金30	紫罗兰L30
	绒毛脐	□	兑和	桃L45	—
	彩虹	□	兑和	—	甜瓜L10/B柑桂酒10/荨麻酒（J）10/B10
	蓝色佳人	▼	摇和	B柑桂酒30	G15
	牛头犬	▼	摇和	雪利B30	R（W）20
	万维汉莫	▼	摇和	W柑桂酒20	添万利（咖啡L）20
	布希球	□	兑和	杏仁30	—
	热肯巴利酒	□	兑和	肯巴利40	—

续表

果汁系列	加甜加香	碳酸饮料	其他	酒精度数	口味	所在页数
柠檬汁1点	G糖浆1茶匙	—	—	38	辛	173
—	—	—	—	32	甘	173
柠檬汁2点	G糖浆2点	—	—	28	中	174
—	—	—	—	33	中	174
—	砂糖1茶匙	—	S柠檬1片	40	中	174
—	A苦精酒2点/S糖浆1点	—	—	25	中	175
柠檬汁20	S糖浆1茶匙	苏打水适量	—	12	中	175
柠檬汁20	—	—	—	25	中	175
—	—	—	—	40	中	176
柠檬1茶匙	—	—	—	36	中	176
—	糖浆2茶匙	—	鸡蛋1个/牛奶适量/豆蔻粉	12	中	176
—	A苦精酒1点	—	柠檬皮	40	辛	177
柠檬汁20	砂糖(S糖浆)1茶匙	—	S酸橙/M樱桃	23	中	177
柠檬汁20	砂糖(S糖浆)1茶匙	—	M水适量	14	中	177
柠檬汁20	砂糖(S糖浆)1茶匙	—	S柠檬	25	中	178
—	砂糖(S糖浆)1茶匙	—	牛奶120	13	中	178
—	—	—	—	32	甘	178
—	—	姜汁汽水适量	—	10	中	179
—	砂糖2茶匙	—	鸡蛋1个/牛奶适量	15	中	179
—	—	—	—	25	中	179
酸橙汁12	—	—	—	20	甘	180
柠檬汁20	G糖浆1茶匙	苏打水适量	S酸橙/M樱桃	7	中	181
—	G糖浆3点	苏打水适量	柠檬皮	8	中	181
—	—	—	—	30	甘	181
柠檬汁20	S糖浆1茶匙	苏打水适量	S酸橙/M樱桃	8	甘	182
—	—	—	S柠檬	7	中	182
—	—	—	牛奶适量	7	甘	183
柳橙汁适量	—	—	S柠檬	7	中	183
—	—	苏打水适量	S柳橙	7	中	183
柠檬汁10	—	T水适量	S柠檬/M樱桃	8	中	184
葡萄柚汁30	—	香槟酒适量	—	12	甘	184
—	—	—	鲜奶油20	14	甘	184
—	—	—	鲜奶油20	16	甘	185
柳橙汁15	—	—	鲜奶油15	16	甘	185
柠檬汁20/葡萄柚汁20	—	—	蛋清1个	20	中	185
—	—	T水适量	S酸橙	5	中	186
葡萄柚汁20/柠檬汁10	—	—	—	15	中	186
葡萄柚汁45	—	T水适量	柠檬块/绿樱桃	5	中	186
—	—	—	柠檬皮	18	中	187
柠檬汁20	S糖浆1茶匙	苏打水适量	柠檬块	8	中	187
—	—	可乐适量	柠檬块	6	甘	187
柠檬汁20	—	—	—	23	甘	188
葡萄柚汁45	—	T水适量	—	5	中	188
酸橙汁15	—	—	—	27	中	188
—	—	姜汁汽水适量	—	7	甘	189
葡萄柚汁10	—	T水适量	薄荷叶	5	中	189
柠檬汁20	S糖浆1茶匙	苏打水适量	绿樱桃	8	甘	189
—	—	—	—	26	甘	190
柳橙汁20	O苦精酒4点	—	—	14	甘	190
—	—	—	—	17	甘	190
柠檬汁1茶匙	—	—	—	29	甘	191
柳橙汁适量	—	—	—	8	中	191
—	G糖浆10	—	—	28	甘	191
柠檬汁15	—	—	蛋清1个	16	中	192
酸橙汁10	—	—	—	25	中	192
—	—	—	鲜奶油	16	甘	192
柳橙汁30	—	苏打水适量	S酸橙/M樱桃	6	中	193
柠檬汁1茶匙	蜂蜜1茶匙	—	热水适量	10	中	193

	鸡尾酒名	分类	调制技法	基酒	利口酒
基酒之利口酒	波西米亚狂想	□	摇和	杏仁B15	—
	薄荷佛莱培	▼	兑和	G薄荷45	—
	甜瓜球	□	兑和	甜瓜L60	V30
	甜瓜牛奶	□	兑和	甜瓜L30～45	—
	荔枝与葡萄柚	□	兑和	荔枝L45	—
	红宝石菲士	□	摇和	黑醋栗金45	—
	莱特男管家	▼	摇和	南方安逸20	O柑桂酒20
基酒之葡萄酒&香槟酒	阿汀顿	□	兑和	D味美思30	S味美思30
	安东尼	▼	调和	干雪利40	S味美思20
	美国佬	□	兑和	S味美思30	肯巴利30
	美国柠檬汁	□	兑和	红葡萄酒30	—
	基尔	▼	兑和	白葡萄酒60	C黑醋栗10
	皇家基尔	▼	兑和	香槟60	C黑醋栗10
	绿地	□	兑和	白葡萄酒30	甜瓜L30
	克罗地克海波	□	摇和	D味美思30	S味美思30
	香槟鸡尾酒	▼	兑和	香槟1杯	—
	交响乐	▼	调和	白葡萄酒30	桃L15
	刺激	□	兑和	白葡萄酒60	—
	心灵之吻	▼	摇和	D味美思20	S味美思20/杜宝内10
	杜邦尼菲士	□	摇和	杜宝内45	雪利B1茶匙
	巴克菲士	□	兑和	香槟适量	—
	竹子	▼	调和	干雪利40	D味美思20
	贝利尼	▼	兑和	起泡W适量	—
	白含羞草	▼	兑和	香槟适量	—
	富士山	▼	摇和	S味美思40	R（W）20
	含羞草	▼	兑和	香槟适量	—
	葡萄酷乐	□	兑和	葡萄酒(白、红、深红)90	O柑桂酒15
	悬浮式葡萄酒	▼	摇和	红葡萄酒30	荔枝L10/桃L10
基酒之啤酒	肯巴利啤酒	□	兑和	啤酒适量	肯巴利30
	越橘啤酒	□	兑和	啤酒适量	—
	潜水艇	□	兑和	啤酒适量	T60
	香迪	□	兑和	啤酒(英式啤酒)1/2杯	—
	狗鼻子	□	兑和	啤酒适量	G45
	羽毛	□	兑和	啤酒1/2杯	—
	啤酒妖精	□	兑和	啤酒1/2杯	白葡萄酒1/2杯
	桃子啤酒	□	兑和	啤酒适量	桃L30
	黑色天鹅绒	□	兑和	啤酒1/2杯	—
	米道丽啤	□	兑和	啤酒适量	G薄荷15
	红眼睛	□	兑和	啤酒1/2杯	—
	红鸟	□	兑和	啤酒适量	V45
基酒之烧酒	泡盛鸡尾酒	▼	摇和	泡盛20	W柑桂酒20/G薄荷1茶匙
	泡盛菲士	□	摇和	泡盛45	—
	杏酒	▼	摇和	泡盛20	杏B20
	黄瓜烧酒	□	兑和	烧酒(甲类)45	—
	黑糖凤梨	□	摇和	黑糖烧酒30	—
	岛国乡村姑娘	□	兑和	黑糖烧酒45	—
	斗牛犬烧酒	□	兑和	烧酒(甲类)45	—
	柠檬烧酒	□	兑和	烧酒45	—
基酒之啤酒	冰果酒	□	兑和	—	—
	拉多加酷乐	□	兑和	—	—
	秀兰邓波	□	兑和	—	—
	灰姑娘	▼	摇和	—	—
	纯真清风	□	摇和	—	—
	蜜桃冰激凌	□	摇和	—	—
	猫步	▼	摇和	—	—
	佛罗里达	▼	摇和	—	—
	奶昔	□	摇和	—	—
	柠檬水	□	兑和	—	—

续表

果汁系列	加甜加香	碳酸饮料	其他	酒精度数	口味	所在页数
柳橙汁30/柠檬1茶匙	G糖浆2茶匙	苏打水适量	S柳橙/绿樱桃	18	中	193
—	—	—	薄荷叶	17	甘	194
柳橙汁60	—	—	S柳橙	19	甘	194
—	—	—	牛奶适量	7	甘	194
葡萄柚汁适量	—	—	绿樱桃	5	中	195
柠檬汁20	G糖浆1茶匙/砂糖(S糖浆)1茶匙	苏打水适量	蛋清1个	8	中	195
酸橙汁10/柠檬汁10	—	—	—	25	甘	195
—	—	苏打水适量	柳橙皮	14	中	196
—	O苦精酒1点	—	—	16	中	197
—	—	苏打水适量	柠檬皮	7	中	197
柠檬汁40	砂糖(S糖浆)2~3茶匙	—	M水适量	3	中	197
—	—	—	—	11	中	198
—	—	—	—	12	中	198
—	—	T水适量	凤梨块	6	甘	198
柠檬汁20	砂糖(S糖浆)1茶匙	姜汁汽水适量	S柠檬	7	中	199
—	A苦精酒1点/方糖1个	—	柠檬皮	15	中	199
—	G糖浆1茶匙/S糖浆2茶匙	—	—	14	甘	200
—	—	苏打水适量	—	5	中	200
柳橙汁10	—	—	—	13	中	200
柳橙汁20/柠檬汁10	—	苏打水适量	S柳橙	7	中	201
柳橙汁60	—	—	S柳橙/绿樱桃	8	中	201
—	O苦精酒1点	—	—	16	辛	201
桃子酒60	G糖浆1点	—	—	9	甘	202
葡萄柚汁60	—	—	—	7	中	202
柠檬汁2茶匙	O苦精酒1点	—	—	19	中	202
柳橙汁60	—	—	—	7	中	203
柳橙汁30	G糖浆15	—	S柳橙	12	中	203
凤梨汁30/柠檬汁1茶匙	—	—	—	12	中	203
—	—	—	—	9	中	204
越橘汁30	G糖浆1茶匙	—	—	4	中	205
—	—	—	—	28	辛	205
—	—	姜汁汽水1/2杯	—	2	中	206
—	—	—	—	11	辛	206
柠檬水1/2杯	—	—	—	2	中	206
—	—	—	柠檬皮	9	中	207
—	G糖浆1~2茶匙	—	—	7	甘	207
—	—	香槟1/2杯	—	9	中	208
—	—	—	—	6	甘	208
西红柿汁1/2杯	—	—	—	2	辛	209
西红柿汁60	—	—	柠檬块	13	辛	209
凤梨汁20/酸橙汁1茶匙	—	—	—	15	中	210
柠檬汁20	S糖浆1茶匙	苏打水适量	S酸橙	8	中	211
柳橙汁10/酸橙汁10	—	—	—	18	中	211
—	—	苏打水(M水)适量	黄瓜条3~4根	10	辛	212
—	—	—	椰汁30/S柳橙/凤梨块/M樱桃	7	中	212
—		—	S柳橙1枚/S酸橙2枚/S柠檬2枚	20	中	213
葡萄柚汁适量	—	—	M樱桃/绿樱桃	9	中	213
—	—	苏打水适量	柠檬块	10	辛	213
柠檬汁60	S糖浆1茶匙	苏打水适量	薄荷叶5~6片	0	中	214
酸橙汁20	S糖浆1茶匙	姜汁汽水适量	S酸橙	0	中	215
—	G糖浆20	姜汁汽水适量	柠檬块/M樱桃	0	甘	215
柳橙汁20/柠檬汁20/凤梨汁20	—	—	M樱桃/薄荷叶	0	中	216
葡萄柚汁60/越橘汁30	—	—	—	0	中	216
桃子酒60/柠檬汁15/酸橙汁15	G糖浆10	—	—	0	中	217
柳橙汁45/柠檬汁15	G糖浆1茶匙	—	蛋黄1个	0	中	217
柳橙汁45/柠檬汁20	A苦精酒2点/砂糖(S糖浆)1茶匙	—	—	0	中	217
—	砂糖(S糖浆)1~2茶匙	—	牛奶120~150/鸡蛋1个	0	甘	218
柠檬汁40	砂糖(S糖浆)2~3茶匙	—	水(M水)适量/S柠檬	0	中	218